湘 南 民 居 印 象

2012中国高等教育设计专业名校实验教学课题

主　编　王　铁
副主编　彭　军
　　　　范迎春
　　　　韩　军

中国建筑工业出版社

图书在版编目（CIP）数据

湘南民居印象 2012中国高等教育设计专业名校实验教学课题/王铁主编.—北京：中国建筑工业出版社，2012.12
ISBN 978-7-112-14970-4

Ⅰ.①湘… Ⅱ.①王… Ⅲ.①民居-研究-湖南省 Ⅳ.①TU241.5

中国版本图书馆CIP数据核字（2012）第293519号

责任编辑：吴 绫 陈 皓
责任校对：姜小莲 关 健

湘南民居印象
2012中国高等教育设计专业名校实验教学课题
主 编 王 铁
副主编 彭 军 范迎春 韩 军
*
中国建筑工业出版社出版、发行（北京西郊百万庄）
各地新华书店、建筑书店经销
北京云浩印刷有限责任公司印刷
*
开本：880×1230毫米 1/16 印张：12¾ 字数：400千字
2012年12月第一版 2012年12月第一次印刷
定价：48.00元
ISBN 978-7-112-14970-4
(23051)

湘南民居印象

2012中国高等教育设计专业名校实验教学课题

主　　编：王　铁　　中央美术学院教授课题组组长

副 主 编：彭　军　　天津美术学院设计艺术学院副院长教授课题组副组长

范迎春　　湘南学院艺术设计系主任教授课题组副组长

湖南第一师范学院美术系副主任教授(兼职)

韩　军　　内蒙古科技大学艺术与设计学院实践导师

课题顾问：谭　平　　中央美术学院副院长教授

张惠珍　　中国建筑工业出版社副总编辑

课题管理：王晓琳　　中央美术学院教务处主任

编 委 会：

姓名	单位	姓名	单位
刘星雄副教授	中央美术学院访问学者	李齐讲师	湘南学院艺术设计系
杜军讲师	中央美术学院访问学者	王艳梅讲师	湘南学院艺术设计系
唐凤鸣教授	湘南学院艺术设计系	王丽娜讲师	湘南学院艺术设计系
张光俊副主任副教授	湘南学院艺术设计系	李丽珍讲师	湘南学院艺术设计系
姜航副主任讲师	湘南学院艺术设计系	邓斌讲师	湘南学院艺术设计系
蒋登攀副教授	湘南学院艺术设计系	王丽梅助教	湘南学院艺术设计系
陆岚副教授	湘南学院艺术设计系	李萍助教	湘南学院艺术设计系
蒋中东讲师	湘南学院艺术设计系	李小琳助教	湘南学院艺术设计系
黄智凯讲师	湘南学院艺术设计系	吴忠光副教授	湖南第一师范学院美术系
杨萍讲师	湘南学院艺术设计系	杨蓓讲师	湖南第一师范学院美术系
李曦讲师	湘南学院艺术设计系	谌扬讲师	湖南第一师范学院美术系
旷志华讲师	湘南学院艺术设计系		

课题组成员：李楚智　　中央美术学院硕士研究生

丁磊讲师　　中央美术学院硕士研究生

杨晓　　中央美术学院硕士研究生

钟丽娟　　中央美术学院硕士研究生

郭晓娟教学秘书　　中央美术学院硕士研究生

组织协调：侯安宁书记　　湘南学院艺术设计系

欧阳忠慈副书记　　湘南学院艺术设计系

黄洋办公室主任　　湘南学院艺术设计系

图片版式编辑：郭晓娟　　中央美术学院硕士研究生

沈其扬　　中央美术学院本科生

前　言

偶发之中的必然

2012 中国高等教育设计专业名校实验教学课题
中央美术学院　王铁教授

2012 年 5 月第二学期按照校历是最忙的时间段，不仅要为工作室 4 名研究生修改答辩论文，还要对 8 名本科生指导毕业设计，同时安排应对眼看就要开始的中期汇报。上午我顺眼看了下放在办公室桌面上的学校通知，上面写着 2013 年本科毕业生指导计划，第五工作室限额 8 名本科生，心想 9 月开学，作为工作室导师我将和他们一起度过本科学习时光。望着学号和名字，我沉思了许久。这时工作室访问学者范迎春教授进来了，他说："师傅看什么呢"，我回答："正在考虑下学期本科毕业班和研究生的教学计划，想安排古民居调研，课题成果可以纳入实验教学体系，核心是响应教育部关于教授治学的精神，跨出校门与兄弟院校合作。"范迎春教授说："师傅，有好事带上我一起做。"我说："好，那就再加上几所院校成立跨越地域的实验教学研究课题组，先去湘南。"我们一拍即合，共同商定课题名称为：湘南民居印象——2012 中国高等教育设计专业名校实验教学课题。

我拿起电话与天津美术学院彭军教授进行沟通，他听了我的想法非常认同并约定面谈，就是这样一个偶发之中的必然想法变成了现实。一个跨越地域大胆的实验教学设想，在三所院校教授的热议下诞生了。7 月中旬又与范迎春教授、彭军教授开了个共同联合指导研究生、本科生实验教学的协调会，共同商榷决定成立 2012 年三所院校设计专业方向实验教学指导小组，确定了实验教学方针和调研原则，分阶段探讨研究中国各地建筑历史景观。

9 月初范迎春教授说他已调入湖南第一师范学院任美术系主任，同时兼管湘南学院美术系的管理工作到 2013 年中旬。因为这次实验教学地点选在湖南进行，所以湖南第一师范学院美术系师生非常愿意参加"湘南民居印象"实验教学课题。经多方综合考虑并征得课题指导教授同意，决定将参加本次实验教学研究课题的院校名额扩大到四所。

为使实验教学计划更加完善，2012 年 9 月 12 日在中央美术学院，又进一步与湘南学院范迎春教授、天津美术学院彭军教授进行教学计划的最后敲定，并确认湘南之行的具体安排和行程。

为保证课题质量和经费，教学结构上强调师生比的合理性，师生总人数控制在 50 人以内，增加 1 名教学秘书。课题计划与中国建筑装饰协会设计委员会设计教育学术委员、中国建筑工业出版社副总编辑张惠珍商定，取得行业支持和纳入出版计划。为保证实验教学的可持续发展，特邀请中央美术学院副院长谭平为课题顾问，教务处长王晓林为实验教学管理，沟通获得了教学管理及出版建议。肯定了在中国高等教育专业设计方向框架下，在教学上继续拓展实验教学理念走向长期化发展。

导师组决定成立以中央美术学院为平台的设计专业名校实验教学研究学术组。

中国高等教育设计专业名校实验教学课题的创新计划，内核是不断创新设计专业教育实践。课题教授不辜负人民赐予的教师荣誉，努力探索工作是教授团队的动力源泉。全体课题教师认真治学的科学态度，强调教学工作的奉献精神，鼓励自己感染学生。榜样的力量是无穷的，希望这种教学奉献精神能够流传到他们的下一代。坚定名校实验教学研究学术组以"中国高等教育设计专业名校实验教学课题"为品牌，实现价值观和时代使命感。四校四教授的治学理念是有生命力的教学品牌，因为创新实验教学课题是自身特色，科学创新将决定品牌的持久效益。

伯乐的兴衰、学苗的兴旺与否，是关系到中国设计教育事业能否发展的大事。中国高等院校设计类学科近几年在发展速度上已明显放慢，进入稳定发展的中级阶段，究其原因是院校设计教育在大环境背景下相互之间影响形成的。国家教育部对高等院校评估后提出培养学生向知识与实践方向发展，全国院校先后都提出自己的教学特色和目标，只是为了应对评估要求。近几年国内各地院校招生名额逐年减少，大批院校处于稳固发展阶段，师资队伍年龄结构平均、业绩成果相当。新的现实问题造成“特色之中无特色”的中国院校现象，有很多地方院校在设计教学方法上还是徘徊在十年前的教学模式上。深知中国的伯乐们都是非常清醒，可是为什么在教育部评估期间全国院校都介绍各自的教学有“特色”和可持续？深究其本质原因则显现出教学理念与师资框架存在雷同，视野不够宽就是原因。中国院校教学都以国家教育部评估标准办学，所以评估结果也只能展示出常态教育行政管理下的统一标准。

面对国际化教育新形势、新信息对中国本土教育隔墙冲击的现实，如何建立顺应时代潮流的科学教育体系摆在华夏伯乐面前。自主招生开始试行，从打破壁垒到建立无限疆域的实验教学探索开始，课题组创造了名校、名教授整合实验教学课题核心价值，倡导用科学的阳光心理研究专业设计教育，感动了自己，感动了学生，同时也点燃了设计专业无界限探索教育的火炬，拉开了院校之间的学理大门，通向直接面对面的接触式交流。在“湘南民居印象”座谈会上学生分别发表了感言，称赞 2012 中国高等教育设计专业名校实验教学课题是校际学术活动，期望探索继续。

“湘南民居印象”实验教学肯定了教授治学。是奠定中国高等院校设计专业教育走向更开放体系的华夏基石。伯乐用自由飞翔的精神引导学生努力工作，奉献出记录华夏大地高等教育开放设计教育的无限胸怀。为此努力探索设计专业教育将成为名校实验教学课题的治学品牌，努力探索实验教学将成为中国高等院校设计专业教育伯乐们的时代使命。

在即将看到的 2012 中国高等教育设计专业名校实验教学课题成果中，可以感受到鼓励着课题组名校教授的精神食粮。实验教学探索精神感动着每一位参加课题的学生，他们用努力学习鼓舞全体教师的工作热情。清醒是中国新时期伯乐面对国情与国际地位的客观核心价值的要求，培养优秀大学生是今后国家教育可持续发展的重中之重。为此伯乐只有努力工作、不断创新、主动探索，用自我探索实践带动学术探索实践，倡导多种条件下无界限的科学实践，建立更多的名校实验教学课题。

辛苦的探索工作用取得的成果来体现。“湘南民居印象”的成果让全体师生尝到甜头，几年后会看到走向社会实践参加工作的学生们的成绩，那时伯乐的内心只有一个信念——“学生信赖我们，继续努力”，相信这是千百万伯乐的时代使命感。

2012 中国高等教育设计专业名校实验教学课题，将带给兄弟院校的相关学科在教学上的启示，会为探索实验教学提供一些有价值的参考。

感谢参加实验课题的师生！

2012 年 11 月 15 日于北京花家地南街 8 号

目录

2012中国高等教育设计专业名校实验教学课题活动安排

课题学校：中央美术学院
天津美术学院
湘南学院
湖南第一师范学院

支持单位：中国建筑工业出版社
中国建筑装饰协会设计委员会学术委

课题顾问：谭　平　　中央美术学院教授、博士生导师、副院长
张惠珍　　中国建筑工业出版社副总编辑
郑曙旸　　清华大学美术学院教授、博士生导师

课题主题：湘南民居印象

考察地点：湖南郴州

考察时间：2012 年 9 月 17 日～ 2012 年 9 月 23 日

课题管理：王晓琳　中央美术学院教务处主任

导 师 组：组　长　王　铁　中央美术学院学术委员会委员、教授
副组长　彭　军　天津美术学院设计艺术学院副院长、教授
范迎春　湘南学院艺术设计系教授、主任
湖南第一师范学院美术系教授、副主任（兼职）
韩　军　内蒙古科技大学艺术与设计学院实践导师

一、考察目标

通过对湘南民居的实地考察及现场感受，主要从民居建筑的文化和艺术角度进行了解和系统分析，开阔眼界，增长见识，积累中国传统民居建筑素材，为学生在今后的专业学习和设计过程中提供丰富的营养源泉。

二、考察方法

1. 讲授考察方法，考察手段，考察内容。

考察方向：（1）地域文化与场所精神
（2）空间布局（村落、地形、室内等）
（3）建筑形态（装饰、结构、造型、构造等）
（4）建筑装饰（构建、材料等）

2. 考察现场讲解（湘南学院范迎春教授讲解）。

3. 与湘南学院师生进行讨论。

4. 每个同学对考察资料进行整理、分析，集中讲评。

三、考察内容：郴州永兴板梁古村

郴州桂阳阳山古村

郴州小埠古村

四、考察成果：考察报告论文每人一份；

图片采集（手绘、摄影等形式不限）

五、行程及活动内容安排：

9 月 17 日：下午 16：00 北京乘火车至长沙。

9 月 18 日：清晨 7：30 抵达长沙；上午 10：00 乘高铁至郴州；下午 15：00 ～ 16：00 湘南学院范迎春教授讲座《湘南民居概况》；下午 16：00 ～ 18：00 湘南学院艺术设计系唐凤鸣教授讲座《湘南民居文化溯源》。

9 月 19 日：上午 8：00 ～下午 16：00 永兴板梁古村考察；晚上 20：00 ～ 21：30 天津美术学院设计艺术学院副院长彭军教授讲座《设计品位与创新》。

9 月 20 日：上午 8：00 ～ 11：00 阳山古村考察；上午 11：00 ～ 13：00 小埠古村考察；下午 14：30 ～ 18：00 四校师生互动，学术讨论主题：《湘南民居印象》；晚上 20：00 ～ 21：30 中央美术学院王铁教授讲座《设计与实践》；晚上 10：00 ～ 11：30 师生互动总结。

9 月 21 日：上午 9：00 郴州乘高铁抵达长沙；下午中央美术学院、天津美术学院、湖南第一师范学院师生学术活动；13：00 ～ 15：00 参观湖南第一师范学院老校址；15：00 ～ 17：00 中央美术学院王铁教授学术讲座；18：30 ～ 21：00 天津美术学院设计艺术学院副院长彭军教授学术讲座；晚上 22：30 长沙乘火车回北京。

9 月 22 日：下午抵达北京。

六、湘南民居印象课题学生名单：

中央美术学院建筑学院 10 人（访问学者 2 人，研究生 4 人，本科生 4 人）

访问学者：刘星雄、杜军

研究生：李楚智、杨晓、郭晓娟、孙鸣飞

本科生：沈其扬、王晓晨、李松润、过晓茜

天津美术学院设计艺术学院 11 人（研究生 11 人）

张天、王雁飞、田丽琼、王霄君、高宇星、李星月、郭晓虹、夏冉、刘昂、王家宁、王冠强

湘南学院 14 人（本科生 14 人）

蔡鹏程、黄志兴、暨露、李冰、王倩、吴俊、伍巧艳、仇烁、文艳峰、罗亮、唐江亮、周慧、薛兰新、刘英

湘南民居印象——2012中国高等教育设计专业名校实验教学课题考察研究座谈实录

时间：2012 年 9 月 20 日下午 14：30

地点：湘南学院艺术系会议室

参加院校：中央美术学院、天津美术学院、湘南学院、湖南第一师范学院

参加教授：王铁教授、彭军教授、范迎春教授、张光俊副教授

主持人：范迎春教授

范迎春教授：各位老师、各位同学大家好，四校联合考察湘南民居教学活动今天已进入第三天了，实际考查时间还有两个半天了，就是说今天是最后一天。根据我与王铁教授设定的课题要求，实验教学课题组对湘南两个古村落走马观花似地进行了实地调研，可以说肯定没有足够时间进行深入调查研究。虽然没有深入细致调查研究，但是我们亲身探访了那些辉煌的历史遗迹，对现存民居的文明精神留下了深刻的印象。大家一起探讨教学方法，学校尽可能地给同学们提供研究背景和条件。目前每个同学，每位教师应该都有自己对湘南民居的真实印象。按计划今天下午进行系列座谈，座谈的方式不是由谁主讲，而是互动性方式，大家可以谈，可以讲，不同的观念可以进行磋商，其目的就是要加深对湘南民居的印象。下面，把宝贵的时间留给每一位教师同事、每一位同学，首先有请王铁教授为大家作精彩发言。

王铁教授：湘南民居印象是一个概念，我们课题组来湖南已是第三天了，受到了湘南学院无微不至的关怀，这个印象也是大的概念，我十分感谢湘南学院对课题组的热情招待，我们感受到了湖南的山、湖南的水、湖南的菜、湖南人的情，每一刻都确实让人很感动。是课题的原因让大家在短短的三天时间里，共同感受了湖南的自然风光、民风文化，亲身从多个角度来感受湖南民居，观察湖南民居，确实每个人都有每个人的角度。湘南学院前任主任唐教授和现任主任范教授把湘南民居研究成果和大致的动态，以及今后的研究计划作了框架性介绍。讲座核心是按照湘南真实的古民居遗存进行框架性的展开，最后拿出了一部分自己的研究成果与大家共享，他们的研究成果确实对本次课题有很好的框架指导作用。其实大家清楚，一项研究，作为课题成果也好，或者作为相关的专业内容也好，最重要的是要有一个良好的科学框架。因为在这么短的时间内不可能把框架搞得多么清晰，所以印象是课题概念。这次有幸借助于湘南学院的研究成果做一个撑竿跳，使我们大家一起撑过去，撑过去后希望能有一个新高度，不知道能不能这样形容？

范迎春教授：应该是这样。

王铁教授：可是往往跳过去后，人们从来就不再看这根杆子了，在这次湘南民居调研活动中湘南学院默默地做了很多像这根杆子一样的工作，按教学要求，大家借湘南民居印象调研的这次机会完成一个短短的课题就是成果。

我们考察了三个湘南村落。板梁古村我曾经去过，那是有着湘南民居独特风格的村落，从它的早期选址和村落的构成，看得出中国文脉在里面起着相当大的核心作用。从村子入口再到几个生活取水区，围绕相关的理念构建出村落

的生活方式，同时也反映出那个年代特有的经济条件。所以看到发展过程中的板梁古村的建筑与自然景观，不难想象在当时是一幅美好的风景画，大家可以想象当时村民与建筑的居住关系。板梁古村建筑是基于村子人口以及综合需要在原有基础上不断建设而成的，宗族地位清晰有序，不像今天的居住建筑为了法规而排挤在一起，虽然时代不同，但应该都是一幅生动的乡村风景画。从板梁古村建筑的材料构成看，基本上是人们过去见过的，就地取材是建筑形式产生和决定的基础，村落中有一些外来的文化痕迹，但是并不是主体。从建筑遗存基础上看建材都是当地的毛石和青土砖，有的是烧制过的青土砖，也有没烧制过的土砖，但是无论是什么样的建材，砌筑的基础是石材，砌筑砖都是白灰勾缝，施工很精细。不管使用什么材料，匠人们对建筑的态度都是很认真的，值得我们学习和关注，责任感驱使他们坚持安全态度，因为族人要住在里面。

王铁教授：说点题外话，过去的居住建筑和今天的居住建筑有根本的不同，过去是自己族人建造自己住，最多找些村民来帮建，现在是专业建造公司建设村民住，标准规范是第一位，所以认真程度不一样。过去修盖房子是村民和亲族之间的友情支持和帮助，人与人之间不计代价，而今专业建造房屋非常复杂，需参照各种法规和规范，过去的建造与现在商品化社会是不一样的。

说到湘南民居，从马头墙到屋面大家都能看得出来一些特点。昨天唐教授也讲过，湘南民居与徽州民居、江西民居多少有些微妙的差异，湘南的马头墙弧度要翘一些，这就是特点。湘南人自古以来都是比较俏丽的，内心世界很美，所以湘南民居从建筑神态和姿态上来讲有地域文化特色和自信。从湘南人热爱家乡的每一寸土地，合理利用自然的方面来讲，我们看到每个古村都有水塘被自然地布置在村落最佳位置，并环绕小溪和人工小径。在自然环境的村落中人工的路径非常方便，路面有的铺着青石板，有的铺着砂石，还有的巧妙利用自然坡度造景。村落中的道路都添加了一些人工的元素，进村就能看到路和建筑的关系，马上就不一样了，所有村落都有畅通的道路形成各个方面的网络，一个很好的组织机构，板梁村横竖上下都能够贯通。

离开板梁以后，今天上午去了阳山古村。确实看得出来，阳山在这几年的旅游当中，认真梳理了一下总体环境，看上去比较完整，不像板梁古村新建的建筑和老的建筑错综复杂地咬合在里边。新与旧的建筑在材质、构造上，本身就不一样，所以放在古村里面就异常突出、扎眼。时代在发展，建筑和使用的人都在变，与经济条件、生活方式方面都有直接的关系。现代居住的房子通风、采光要好是第一条件。过去的古村落大多数由姓氏而决定村子名，就有了宗族间的排序问题，还有防范外来匪徒盗抢的问题，甚至存在村与村之间斗争的问题，匪徒流窜问题。那个时候的居住建筑相对比较封闭，窗户也比较小，门安全性较强，门扇也比较窄，关上门以后外边的人想进来都要费点事儿，建立最有效的安全感。经济条件决定了建筑面积，一般的院子里面都居住着几户人家，每家的面积都不是很大，共同的生活方式是决定起居动线的重要构成，为此在建设房屋时更多的是考虑怎样方便使用，而且在那个年代里邻居之间互相照应，因为是亲属同族。今天在城市中常看到一些不太好看的建筑，但行业法规保证了实用安全。今天人们与传统的生活方式完全不同了，从厨房到客厅要方便，从卫生间去卧室更要方便，上下楼还要更方便，种种需要都是现代人生活节奏决定的，这种生活方式决定设计理念。在建筑材料使用上，很多过去的那些传统材料都已经不存在了，是法规改变了施工，使用什么材料做什么等级验收。

今天农村最大的建筑问题在哪儿，学设计的人都知道。如果中国有一天能够做到乡村建筑也能够很认真地去做专业设计，那样的国家很可能就是发达的国家了，可是目前做不到。乡村建筑都是由传统的乡村匠人去城市里看一下就开始组织人去盖房子，所以盖的房子都很奇怪，这个现实我们得接受，因为它就是这种状态，就是这种水平，而且是真实的国民素质。有些乡村建筑看上去确实不是很舒服，但是我们要学会理解他们心目中的美感才能为他们服务，所以我们要认真地研究乡村出现的任何一个问题，绝不能用自己的观念完全强迫别人，一些设计师总是和当地人强调要恢复真正的过去的古建筑，怎么去恢复，怎样去做？恢复过来以后，那么好你怎么不在农村住呢？即使能住上几天，你走了，所以设计者不能用一个旅游者的眼光去观赏古民居。要以当地人的实实在在原则、用地人的切身利益去对待古民居，这种认识就会改变，才能将这种观念在中国设计教育当中更好地得到普及，普及到让村村落落的人都有设计意识。

我在日本留学八年，日本的乡村建筑做得非常规范，任何一个角落都完全看得出来这个国家是有设计的，所以有一天我们的民族能到这样就是发达国家了。人们面对自然山野都会为山山水水所感动，日本在几十年前就已经做到把全国所有的山水都经过科学的设计，当然是用自然法则去设计，人工地把所有的山水都梳理了一遍。所以今天看电视很少看见哪塌了、泥石流什么的现象。可是我们这里塌了是很正常的事情，所以对于景观设计来讲，首先应该是大景观的概念，以自然法则为基数，从自然科学的角度去梳理。湖南现在还没有到这个程度，包括我们其他的省市都没有到，如果有一天能在科学大景观的概念指导下进行景观设计，家园就不会如野生般自然成长了，到那时我们靠智慧和科学去把它梳理好，这是非常非常重要的，如果做不到这一点的话那就麻烦了。

现在一些所谓热爱家乡的人，自己有了一点资金和能力，投资开发自己家乡，结果也不是很理想。因为很多开发者本身并不是一个设计者，所以如何去把开发与建设这两者融合在一起还需要探索，任重道远的是要发展设计和环保教育。

我们国家整体民族文化的提升还有很长的路要走，什么时候能够达到先进的物质文明和精神文明的高度？如果能够对于学习设计具有科学的意识，能够对于问题具有科学的理解，能够达到人与人之间真正的和谐，那样的话国家就不得了。民族的历史责任感驱使我们大家要努力学习科学，就是要改变我们国家这种表面化的状态。其实我们就是表面的，我又多说了一点，改革开放三十多年以来，我们国家所有的财产，就如同新中国成立前两军打仗一样，所有家底都摆在前沿阵地上，就是这么多东西，打完了就完了，没有储备。今天设计与研究方面的人才，可以讲在目前的形势下，后备研究人才资源也存在储备不够的现象，现实国情要求设计教育不断提高水平，更要做到在良性的框架下的培养知识人才。

今天高等教育中的设计教育各个院校多少是有些差异的，这个差异是有很多历史原因和条件以及所在地域决定的。这次活动就是要像范主任说的是“打破壁垒”、“无限疆域的自由翱翔”后的释放，是非常重要的实验教学实践，说起来好像简单，但是做起来难。今天到了小埠古村，一位当地的有识之士、一个农民的孩子通过自己努力奋斗得到了成功，小埠古村开发就是其所谓的回报家乡项目，有地产项目，还有餐厅项目，开发其实是把“双刃剑”。

范迎春教授：开始是说无偿的运转，后来发现他在那里有几块地。

王铁教授：看到目前中国这批“超现实主义”乡绅的开发项目，从古村落中自然成长出几座新房，没有什么不好的，这说明老百姓为了追求美好生活自己加建点新房是生活品质的提高。我与村委书记当面聊天，他也说没有好办法，国家每年给一点钱我们就做一点，确实不能形成规模。比如第一年给几百万做一点局部改造，第二年又给几百万再放到村里面，做不到成片更新，就像撒芝麻似的，撒了一草场又一草场，最后发现不均，所以古村改造与建设到现在看起来也没有什么特别的起色。

虽然有识之士努力做了一些项目，但是我们在农村看到的，更多的还是接近城市人生活的新项目。在后院里面转了转，还是按照城里人的生活习惯而建，是强加给在农村生活的人，包括里面做的一些餐厅的空间分割构成，认真体会后可以感受到“超现实主义”乡绅士的开发项目的真实目的，还是为了城里人去享受而建，而不是说为古村里的人去享受而造。这些项目都是为旅游服务的，想用旅游区项目来吸引游客，可是城里面的人看了一次住过一段就感到没有什么意思了，一年只来几次，这样下去广大的农村住宅用地又出现闲置现象。为避免新的误区出现，我们应该努力做到把乡村生活科学地有特色地梳理出来，游客来到这里一看确实有特点，自然会起到吸引游客的作用。

目前看到的现状是无形象的古村，缺少合理的规划设计，从村边入口处摆设的东西看得出杂乱无序，进入巷口看到放着各种各样的东西，一看就是一个城里人想看到的东西，没啥深度的吸引。回想起小时候到过农村的印象，在游客有广阔的土地，人与人之间见面打招呼，居住距离比较近，绿色植物覆盖好，院子比较宽敞，不像城里人挤在一起，人与人之间都保持有一定距离。居住距离不一定近就会生产亲切，比如现在城里大楼倒是相互贴得挺近，所以距离也不一定能使大家产生一种空间上的亲切感。近些年来外出经常看见乡村，可进去发现不是乡村。我认为新农村建设至少应该做到像阳山那样，进去发现村口的榨油房，在那个地方有人摆上桌子吃饭，这是城里根本就没有的特色风景。可是我们在小埠的大屋子餐厅吃饭太豪华而无味，这种餐厅在城市的周边多的是，不是什么新鲜的事。

如今的中国摆在我们面前的难题是如何去做农村建设规划和景观设计、指导其室内设计、做建筑设计，这完全是个整体的思考。简单地讲规划就是一个大的宏观控制体概念。建筑、景观、室内都是空间家族的三兄弟，实际上没有什么你和我之间的区别，整合思考有助于发展。我们在做任何设计的时候，一定要想到它们之间的相互关系。所以，我总是在想，做古村改造设计不能只靠照片拍摄进行，立体思考是第一位，拍完建筑之后没有三维意识就是白拍，把你拍的照片再反映到你的头脑里成为二维的图示，再把你看到二维的图示生成三维的空间对设计才有用处。我为什么强调多画草图，草图在你画的过程中，首先在你的脑子当中已经生成立体的了，下一步怎么去设计你已经知道，所以构思离不开立体思考，这是非常重要的。

再谈到培养人才的话题，中国现有一千多所院校设有设计专业，每年一千多所院校培养了大量的毕业生，可是社会用人单位还是急需优秀有用的人才，也可能教育质量出现问题了。学习完全靠学校是不够的，所以学生就有一个最重要的问题要解决，就是如何去塑造自己、完善自己、修正自己。对于任何一所学校，它强制性规定的教学大纲，都是要求学生必须首先要完成规定课程，其他的部分就是靠你自己。

我觉得大学 60% 是自学，称为隐性自我教育，40% 是学校硬性规定的课程表，也就是显性管理。就像教学大纲课程我们每天都可以看到，按照这个规定进行教学，每年下来就会有收获，但这种隐性的学习呢，就是靠你去观察，尤其是构建审美观，是靠多年养成的学习方法的客观正确评价。审美不是说今天一高兴看一本书就有审美了，就解决了，那是不可能的。如果一天真能解决了，那也就不叫审美，顶多算是激动，所以审美是需要长期养成的，是综合修养。特别是学设计、做设计的人，更要对韵律、节奏、色彩，形与形之间、材料与材料之间的相互碰撞巧妙地处理。观察有价值的东西非常需要良好的专业基础知识，眼前我们看到的传统民居建筑，说到构造的问题，基本上是以墙体承重，在窗台和门楣上多选用青石条，也许是当年地域条件问题，也可能是经济的问题。在安徽古民居中也常使用石头，窗上面过梁用的是石头和木材雕的花，现在仿古民居就大不一样了。我认为不管石头、木头，都是有生命的。石头使用年代长一点，木头短一点。其实建筑也是有生命的，它不可能一劳永逸地长命百岁，如果故宫不修缮也就早已经倒塌了，只不过有特殊的法律条件、特殊的经济支持、特殊的管理法规作保障，所以建筑形象依然如旧，我们看了它总是如初的那个样子。广大的乡村住宅就不是这样了，农民自己家的、祖上传下来的辉煌是因为有强大的经济条件在支撑，现在到了不辉煌的时候，条件也不准许，把它荒废了也是正常的，所以研究古民居的问题就应该是要客观地、公正地去正确理解。这次的实验教学研究的就是湖南民居，所以课题就叫“湘南民居印象”，可能最合适的话不如叫“理解湘南民居的发展”。

湘南古民居从过去的辉煌开始逐渐走向今天的杂乱是时代的必然吗？今天湘南民居到底是前进了，还是落后了？还是时代根本不需要过去那种生活方式下的古民居和建筑形式了？现在还用大量的资源拼命地去抢救“植物人”式的古民居，真的有价值吗？现在看不出村委会、古民居中的居住者和当地的老百姓对祖业有什么特殊使命感。

在与村边上的老大爷聊天时，他们说不愿意住在老屋里，因为有很多问题无法解决。现实告诉我们研究古民居，是为了更好的研究成果而去研究吗？核心价值是什么？是为了发展今天的设计文化？也许今天的做法和观点是不对的。举个例子，我在北戴河做的建筑是东欧式的，还是西欧式的？这个式的、那个式的，太纠结了。我认为设计有时候是无国界和无民族概念的，形态也一样，就说几何形体吧，是某一个民族发明的吗？没有任何一个国家敢去联合国教科文申请知识产权，所以说方、圆、柱是人类发现的，只要是人——正常的人，都能意识到这些基础形态。可是这些形态如何用到建筑设计中，就得靠智慧，靠因地制宜就地取材解决问题。因此各地就会出现大江南北风格各异，形成了大不相同的客观规律。

今天看到郴州街道是很漂亮的，我拍几张照片，一问同学肯定没有人知道这是哪儿，全中国都一样。城市的趋同不是我们每一个人都能够解决的问题，你想让城市形象不一样吗？你能改写建筑业规范吗？想去解决现实问题那就首先免去两个单位，这就是规划局、旅游局。社会发展今天所有的规范，所有的法规和认证体系都是统一的国家标准，不同的也就是各个地区耐震的等级系数不一样。全国都一样了以后，其实也没有什么可怕的，地球不就是个村子吗？大家一起合唱地球村怎么样，村中的一切全都一样不是很正常的吗？要正确理解现实。但是无论怎么样，得承认地域间是有差别的，毕竟它还是有地理和气候的差别。

例如南北方就不一样，南方过去的房子窗洞相对来讲都是深一点的，檐头挑出去多一点，遮挡日光好。北方墙厚一点，保温好一点，因为有地域差别，所以都不一样。过去，特别是到了广东看看民居建筑，建筑都做得很清秀，即使都处在南方，居住建筑也多多少少有些区别，这就是地域文化决定的。但是现在就不同了，区别已经不大了，节能标准提高了，建材标准也提高了，标准的后时代是统一的绿色法规。现在南北方设计师交叉工作，深圳的设计师给湖南设计，湖南的设计师给北京设计，现在中国的城市大家族真的是迎来趋同和时代的统一了。

有同学问：能不能制止城市建筑的同种快速趋同？我认为没必要制止。前几年也出现过什么制止冰川融化、海平面上升，可谁能挡得住地球的变化？谁也挡不住！这是自然规律，因为地球是有生命的。人类建造的房屋，使用的材料也是有自身规律的，它也是一种可遵循的规律，科学利用就是合理的。我们现在无法预测未来的发展，也就是说我们现在的知识量掌握的还不够，将来科学掌握得越多，可能就会发现解决问题的突破口。所以我经常说事情早已存在，只是自身修养没有达到那个高度，看不出来而已。所以要具备一定的知识量，掌握了一定的知识框架和内核，这对探索和提高都是很重要的，如果做事情只是浮于表面，那我们大家真是把这次湖南调研当成“走马观花”了。当然，肯定地说这次调研不是“走马观花”，关键的是有前面两位教授的演讲，他们的研究成果使我们这次调研不是“走马观花”。

范迎春教授：下面请张光俊副教授指教。

张光俊副教授：这次我感触最深的是王老师带着学生过来了，然后我们学校相应地参与这个教学活动。我感受最深的就是我们学生参与进来了。我校研究湘南民居大概也有十几年的历史了，但是这次真正让学生参与共同研究还是第一次。在前两次讲座之后，学生中间就引起了很大反响，学生们真的认识到要从地方的文化中去吸取些东西，我想接下来同学们会有很多话要说，也许我们是第一次来做这个实验课题，但是大家肯定会觉得很有价值和意义，当然也很可能有同学觉得没有多大意义，事情总有两面性。

这次王铁教授带着同学们来我校共同教学开了个头，我觉得非常好，以后可能在实验教学方面也会更加强一些，我们现在正在进一步深入研究传统民居这方面的课题，但是很不成熟，也有很多限制，把一些传统民居的优秀元素，用在我们现在的建设中去。尤其是在新农村的建设方面，我们与湘南当地政府也有一些项目上的合作，做这种尝试很艰苦，我深知这是很艰苦的研究过程，我们做的一些东西可能也是在实验中，范围也很小，一直在努力，希望有一部分同学能够积极地参与进来，在学习的过程中会收获很多，为此也有很多年轻老师也在参与到实验教学中来。

湖南这个特殊的地理环境，湘南学院是我们实验教学的开放平台，今后我们要做些像中央美术学院、天津美术学院那样高层次的教学研究，可能我们有困难做不来，但是我们会去做一些基础性的研究，我相信会做得比较好，因为有地域文化的特殊条件，这一次我感触最深。

对于湘南民居印象的课题来说，每次的感触都是不一样，这两天看的三个地方都是比较有代表性的湘南古民居，我希望下次各位老师再去几个更有意思的地方，特别是汝城，看了汝城以后再跟西南、西北与东南的古民居作个比较，会发现郴州的历史文化确实是很复杂丰富的。今天，在阳山看到很规整的建筑，真正是老百姓居住的建筑，而不是大财主大军阀住的房子，老百姓的房子很朴素，村庄中稍微有一点钱的老百姓，住的房子都是很实用的，阳山就是代表着这种朴素风格的典范，这种古民居建筑在我们湘南地区是主体。

假如我们今天去庙下古村的话，可以看到那种体量更大、装饰更精美、更有空间感、更加有视觉张力的古民居建筑，我觉得那是更可看的和更有研究价值的东西。还有我们上午计划去桂阳的城郊乡看看魏家大院，那里的建筑是很独立的形式，在村落中，古民居建筑不像之前看到的村落，它是完全被近现代的建筑所包围。建筑体量不是很高大，但是进深很大，一层层的，依山就势，六个进深，在建筑空间的处理上是非常好的，可是汽车开不进去，路太窄了。魏家大院有个宗祠，门口的一对狮子让大家非常感兴趣。南方的狮子与北方的狮子不一样，南方的狮子雕刻得非常精美，但是神态像个宠物好似个哈巴狗，北方的狮子那么雄浑有感觉。其实我觉得首先要对城市与乡村进行了解，然后尝试着把它们与现代农民的生活建筑相结合起来进行思考。如果能够找出为当地服务的办法，并提供一定的指导性意见，这才是我们地方院校应有的职责。借这次实验教学机会，我也很感谢王铁教授、彭军教授，因为他们的交流带来了活力，我校的同学受到了震撼，包括学校的领导也是非常重视这次实验教学，他们觉得中央美术学院重视湘南古民居研究，我们湘南学院是不是也应该觉得它有一定的价值。我们的学生也是这样猜想，新鲜感会触动他们，今后我们的实验教学会有更多的学生参与进来。刚才王铁教授也说了学生在学校 40% 的时间是规定教学课程，包括做一些与专业有关的事情，50% 的时间安排自学才是一个合格的大学生，再拿出 10% 的时间去做一些相关的事情，环境艺术设计也好，室内设计也好，景观设计也好，视觉传达设计也好，条理化学习可以有计划地收集一些东西、体验一些东西，比如为湘南当地产品做良好的形象设计，科学地提供一些素材，也可以加强审美自我教育，这是非常好的事情。

范迎春教授：下面请彭军教授为我们指教。

彭军教授：这次“湘南民居印象”实验教学活动，我觉得是特别好的教学活动。我也是第一次参加，虽然比较仓促，但我们还是相对比较完整地看了三个村落，其实我是第一次接触湘南民居。年初一次也看了几个村庄，本次教学我主要是从一个列席的角度看问题。这次实验教学有很好的活动安排，加上前面有两位先行者的研究，给了实验教学活动很好的引导，前天在板梁古村，今天上午和下午又去了阳山古村和小埠古村看了看，其实这次教学也只能从印象的角度去看。

下面我就谈一谈三个村，看到的古村新旧情况不太一样。比如说板梁村，在老的建筑里面有新的建筑，新的建筑确实和老的建筑冲突比较大。阳山相对完整，我感觉像一个大院，当然何姓是阳山民居的一个主要因素。正因为是何姓大户为主，所以村庄保存得相对完整，虽然有新的建筑在这里，但不是特别冲突。小埠这个特别有意思，有一个家乡出去的学子成功还乡，投资改善家乡建设，尽管他有他的一些商业目的，我觉得只要是为了他的家乡作出贡献就应该特别肯定。小埠新建筑相对比较多，可是新建筑与老建筑的形式尽量融到一块儿，形成一个新的建筑和老的建筑形式相对统一的情况。从这个意义上来讲我觉得阳山和小埠不同，尤其是小埠的保护相对还是不错。我是从另外一个角度考虑，三个村都有一个情况，就是空心村的情况非常严重。可能作为一个观光者、一个蜻蜓点水的路过者，觉得很可惜，接下去应该怎么办？从一个留下的居住者的角度来说，他并不是为了给观光客提供展览的人，他要在那儿居住、

生活。用以前的那种生活方式和建筑的方式，和现在的生活来比较，环境可能就不太适应。那么如何进行下一步的保护、保存，这确实是很大的一个课题。板梁的村支书也讲了，国家每年都投钱，但咱们也知道，这样投下去的话，效果并不太好，小埠作为样板，至少从三个村来说，这种方式还是值得借鉴的。

另外一个现象，我感觉得出，大伙儿也看得见，所有的老建筑不管是大宅院、小宅院，当然主要是以老宅院为主，包括昨天上午导游带我们去看的也是具有代表性的。包括他的窗棂、石雕等一系列的东西确实有很令人拍案的，感叹精致，包括带有一些情景的东西。比如说民间传说的故事，在木雕当中都赋予了深深的寓意，这一点确实非常让人感动，而且不得不赞叹当时的工匠的水平确实好。我还有一个反思，这个反思不仅是在这三个村落，在其他的地方、别的城市也有这样的情况，现在建筑也有做些小的雕刻，甚至包括昨天下午，咱们去郴州住的酒店对面那个古桥，远远达不到三个村落里的雕刻，而比较典型的精致又具艺术感染力的雕刻都在“文革”时期被破坏了。

原因是什么，是不是退化了？按道理讲社会是进步的，一般情况下不会退化。反思起来，我考虑那些村落之所以保存到现在还让人感动，是不是因为每个村落都有自己的一种精神？这是特别重要的，而现在的建筑就是缺乏这种精神。在做东西的时候就没有带着这种情感。

三个村里都有大户，比如板梁村住在高处的是有钱的大户，可这些大户的门口，大家都在极其窄的巷道里，只不过他的门楼进深更大，一进去就知道是大户，可是他出入门口，拐弯的地方极窄。一般人的家也是在这样小的巷道当中，我就感觉可能那个时期的乡绅、大户和普通村民的关系相对融洽吧，并不是我小时候学的那些东西，如同半夜里见了周扒皮似的，恨不得把村里人弄死。要是那样的话，绝对不会出现像整个村落这样完整的一个建筑形象。

这样的建筑布局和形式反映出当时村落也是比较祥和的，而且这个村口都还有捐钱捐物的一种记录。显然是钱多的多出钱，力量多的多出力量，去共同营造、建设这个村落。现在看之所以达不到这样的高度，原因恐怕是这种精神的匮乏和缺失。这并不是技艺达不到，或许有的技艺是失传了，但是一般的建筑木雕、石雕也做不出，可能就是有些地方达不到要求，只能应付。这是因为缺乏一个内在的动力，几百年前或几十年前的那些人，匠人的艺术修养就比现在高吗，倒也未必。但是有崇文尚武那种文化，有出人头地的那种心态，也造就了艺术精品，匠人倾尽心血去做这种东西，才可能造就了艺术精品并保留下来。

看了几百年前的古文物，当个艺术瑰宝去看。那么现在的东西几百年后，是不是后代也能这样去看呢？现在觉得如果没有尽心去做的话，我们可能觉得也没有什么保留价值了。再说板梁村吧，新建的二层楼只在前面贴了瓷砖，后面连勾缝都没有，砖就裸露着。大家知道立体的东西是四个面，就前面有瓷砖，侧面也没有遮挡就裸露着，可是村落里的老建筑，我认真地看了它的几个面都是一样的，范老师还指着一个墙缝，说做得那么的精致。我觉得这个肯定不是当时为了展览，是有一种精神，有一个责任心或有一个荣誉感，才会做这种东西。所以我有这样的印象，首先我觉得从这里能感悟出当时的工艺与艺术上的一些文脉流传，同时也能感悟到当时的那种精神，能够给现在人的一种激励。比如说今天中午在阳山往下有一个新建的何氏祠堂，我觉得像这样的东西现在还延续着，门口新贴的一对对联，我用照相机拍下来，看了一下，可能是高考考得不错的人写的一首感恩诗，那个诗句、词语所表现出来的那种心境和他们的宗祠表现出来那种感觉，还是一脉相承的。

所以我觉得对板梁村民居的考察，印象确实比较深刻，这个印象我觉得不仅仅是一个专业上的东西。包括昨天讲座，学生提出这些问题，我觉得在于人文修养不断积累的一个过程，不光是我，包括大家看了，都是心灵上的一种洗涤。那么在我自己今后的专业设计里，在专业学习当中，甚至社会工作方面，也都有一种非常务实的心态，传承一种美德，事做得更到位才能更好。

另外，我觉得古民居，它还有一个特定的建筑形式，包括建筑艺术上的延续，通过实地考察得到的印象是比较初步的，加上不断深入的研究，对以后的居住设计都有很好的帮助。我们并不是把这种元素直接拿来使用，那样就太表面化了，但这对设计会产生或多或少的影响。

古建筑的表现形式未必是这样，但是内在的这种东西还是应该恢复的，因为在国外的小城镇当中，也是这样延续下来的，而在中国这里现在是缺失。刚才王铁教授讲城市趋同的问题，再比如小村落相距几十公里都是湘南民居，但是各有各的特点。比如说板梁有个望夫亭和小埠的建筑，感觉都是追求地域的特点，尽管都是湘南民居，还是各自都有各自小地方的特色。所以从事环境艺术设计还是要考虑到这个艺术特色，不然的话真是会出问题，如果说起郴州来，大家都不知道是哪个城镇的话，这就是一个问题啦。

当然这是整个社会的责任，不仅仅是设计者和还有领导者，我觉得实验教学这个活动，首先要回归到做学问务实的角度。王铁教授倡导做实验教学课题，我觉得是一个搞专业的人应该走的道路。现在太浮躁，很多人都以专家自居，不知道一二就自己发表意见。范迎春教授、唐教授他们这么深入的研究古民居值得敬佩，昨天他们的书我没有来得及深入去细看，但是扎扎实实的工作，确实做得很细，这也是我到湘南来的一个很深刻的印象，很值。

我再补充一点，昨天进村子去看，发现地上铺的砖，询问当地村民，据说都是有钱的人或者功成名就的人从苏州运过来的。我问是怎么运过来的，村民说是从河道。从这些可以看出来民居一般情况下过去都是就地取材，铺这些地面可不算少，从这里又能看出来乡绅大户并不像咱们以前宣传的那样，他们为自己的村落，为自己的宗族，为这一片乡土作了些很大的贡献，否则也不会有现在这样的价值。在这一点上，是要冷静下来，从专业的角度去分析当时的人文关系，不能完全带着一种“造反有理”的精神去看这些事情，否则的话对教学研究也不见得有什么意义。

王铁教授：宏观地看开发这就是一种掠夺，把别人的东西拿来放在自己的院子里面就是现在的开发者，到了非洲看一下，那里东西便宜，有人有钱把东西运走，过去大英帝国的人就是这样，所以发展首先要先进，绝不要落后。

彭军教授：这种掠夺有时候是必要的，否则苏州人就赚不到这里人的钱了。

李萍：很高兴和大家在一起，这三天的旅程我收获很多。首先我是郴州的本地人，记得我外婆家那个村子基本上与我们看到的那两个村子差不多。但是这两年我回去发现，好多因为宅基地的使用，很多老屋没人住了，或者是老人过世了，后人又就出去工作了，有钱的也不回来住这种老房子，现在这些古建筑基本上都自然毁坏了。

昨天，我看到板梁和阳山古村，还有最后看到的小埠，确实这种古民居是需要我们去重视和保护的。因为以前，我外婆家的村子都是姓陈的，有一个很大的宗祠，整座村的选

址也是那样依山傍水，前面有一个半月形的池塘，和今天我看到的很多村子是一个时期的。

这几天，我感触最大的就是当我身处那种环境之后，觉得我真的很佩服以前的古人们所做的一些建筑。首先他们在整个村子的选址上面，不是一个人，而是集合了很多人的智慧来做这个事情。比如说村子都是背山面水，坐南朝北，充分地利用地理条件兴建这个村子，还有就是依山傍势的理念。比如说排水系统有阶梯式的转变，与当地的情况是非常和谐的。我考察的时候一直听范教授讲，我们南边的建筑是生长的建筑，为什么这样说呢？首先，我们看到的村子，比如说板梁住的都是刘姓的人，就是说既是大家族，又是一大家子人，然后阳山古村又是姓何，后面又看了一些村子，基本上都是以一个姓氏为单位的村民，就是说住在这个村子里面的人，基本上都是一个姓氏、一个大家族。这种亲情感，我觉得基本上和现代人是有一点差距的，村庄中现在年轻人基本上都出去打工了，只有老人和孩子在村里，我们从古代建筑也可以看到，他很重视亲情观念，不管是以后他是当了三品官，还是一品官，他们出去再回来，还是想着回来光宗耀祖，回到村子里面为家族的人去做一些善事，这一点我觉得非常好，也值得我去学习。

传统文化，我觉得当时在建筑装饰中有所体现，有很多方面的体现，在板梁的时候听导游讲，有个大户人家的窗格，上面有一些雕塑。比如说梅花鹿、花瓶是保平安的意思，还有桃子、蝙蝠，它都是代表了人们对美好生活的向往，就是福禄寿喜。因为以前的人对幸福的概念比较简单，因为精神生活永远建立在物质生活的基础之上，装饰也有功能，它体现了人们对美好生活的向往，就是一种积极向上的乐观精神。我们现在来看以前是耕读传家，就是人们在吃饱饭以后去要求进步，当然我觉得这种精神也是值得我们现在人去学习的。

最后我们今天看到的湘南民居色调，然后我们发现有一个很大的特点，就是基本上是灰色为主。灰色我们都知道，它是五彩色当中的一种，那么灰色可以说它没有颜色，也可以说它包含了所有的颜色。因此，不管是我们进村的时候，还是我们从远处望这个村落的时候，它与自然相融合。就是说它有一些思想，可能受儒家的思想的影响比较深，就是天人合一这种思想。这个东西可能就是现在正在追求的，而且正想实践的一些东西。然后我觉得这些都非常好，值得我们去学习。这就是我要说的。

李楚智（中央美术学院研究生）：我是土生土长的郴州市嘉禾县人。在初中以前都生活在这种古村落，对古民居有一种特殊的感情和特殊的经历。我生活的村子里的房子全部都已经倒了，王铁教授曾经去过三、四次了，他很为那里的建筑价值而感动。

由于我有在这种民居环境里成长的经历，再加上从本科生到研究生期间受到王铁教授的指导和多年的培育，毕业后又到了湘南学院进行教学工作，同时又有唐教授和范教授这么多年的研究基础，我非常受益。特别是近年在我头脑中有了一些对湘南民居的思考，我现在的主要问题是湘南民居到底以什么样的方式去继承和发展。

我认为，对于古民居的建造方式和村落形成的模式是非常值得研究的，是经得起时间考验的，是一种模式，我认为是非常严谨，非常系统的一种方式，值得我去学习，值得我们去认真研究。但是，现在的经济、现在的人群结构，包括这种生产和生活方式变化下居住的方式到底怎么去继续发展，这几年我认真的对湘南民居进行观察和思考，归纳了几种模式。像我生活过的村子一样，就是空心村，没有人管，没有人问津，现在是杂草丛生，房屋风吹雨打没有人住全部已经败落了，其实古时我那个村是规模很大的。另一种模式有些像我们今天去看的板梁、阳山、小埠这种带有旅游开发性的，这种保护模式到底适不适合，还是存在许多问题的，所以值得我去为之而思考。现在村庄可能在保护的方式上面会利用一些旧材料和旧的建造形式去恢复建筑原貌。但有些表面完全是以新型材料建造的民居是典型的建筑，就像我们现在郴州市里面的裕后街，包括建造的技术和那种材料完全不是古法施工，但是建出来还是古民居的样式。那么这种方式意义有多大，也是值得我们思考的。我们经常去乡下可以看到的古建平房，是完全跟古民居没有任何关系的一种民居模式，而且农民建的房子完全不是按照风水来的，就是哪里修一条路，沿路建房子，怎么方便怎么来，这是一种方式。

农村是现代乡镇的发展模式，当然城市是另一种科学体系。这种复杂的模式到底该如何去研究，这是我这些年对湘南民居研究的探讨，对于湘南古民居我是抱着非常敬佩的心情去研究它的，我更多的思考是以后该如何去深入，因为毕竟古人那种生活模式在今天已经消逝，不同的生活环境、不同的经济条件和时代决定了湘南民居的辉煌，现在已经有很多年轻人不愿意那样去吃苦做工了，可我愿意去研究湘南古民居。这是我的一个想法。

裘贺：我的想法是还要不要把这些古建筑修旧如旧？因为大量的外来文化侵入古镇，村民的某些生活习惯、想法都产生了很大变化。他们对这些建筑可能又有了新的需求，功能上、外观上，还有更多的可寻的想法，所以是不是还要修旧如旧值得我们探讨，这是我的一点思考。

孙鸣飞：刚才老师提到古民居村落的精神，这一点我非常有感触，因为我之前写生考察过安徽的民居，可以感觉到安徽民居和湖南民居在精神层面上有很多不同的地方。安徽的民居是以一种商业文化产生的聚落形式，它的空间序列和湖南民居是有些不同的。在安徽民居的村庄中都会有一条主要的商业街，是联合布置的，同时它会向外扩展，再形成一个民居的建筑序列。而湖南民居在我目前的印象中是以民居建筑围合来形成建筑与建筑之间的空间序列、交通序列，所以精神层面对建筑及人的生活方式影响非常大。我特别关心在今后新农村开发的大背景下，古村落的精神是否能够延续下去，刚才李老师也提到空心村的现象比较严重，如果这种精神无法延续下去的话，这种空间形式和建筑精神也难以继续发扬，这是我非常关心的实际问题。

王铁教授：从今年五月开始的国家统计局人口统计记载中获悉，中国首次农村人口和城市人口将近各占一半，而且城市人口正在不断增加，未来还有更多的农民加入城市发展，农村人口还会逐渐减少。

杨晓：我是第一次来到湖南，来到美丽的郴州。这两天看到的三个古建筑村落，就我而言相对于个体的建筑风格和一些细部让我感动，比如窗棂、门框之类，让我更惊讶于它的整体美。最完整的应该是板梁村，依山傍水之中依山就势地修建古建筑，我认为它的美就是整体的，像是从山里生长出来的，并和环境有一个非常良好的结合。比如小河从山上沿着村落流下来，不光解决了村民饮水的一个问题，也解决了排水的问题。

我觉得建筑和自然的这种关系给人们的感触比较深，我想到以前在学校做设计的时候，经常拿到一个课题，开始时先看看功能布置，从建筑的个体考虑做出来一个建筑的形态，然后才想到要和环境相结合，最后再把入口进行调整。我觉得以后会更多地从环境考虑，因地制宜地去考虑，然后再考虑建筑的形态问题。

郭晓娟（中央美术学院研究生）：我也是第一次来到湖南郴州，我觉得如果没有这次实验教学活动，我可能就没有机会看古民居了，我感到非常荣幸，也非常珍惜这次机会。在来之前，我也看了这些湘南古村落的一些资料，当看到这些古村镇的时候，我感到它们就是活着的教科书。因为之前在学习建筑史时也学到一些我国古民居的特点，比如说因地制宜、就地取材，然后包括传承精神，比如天人合一精神等。但是看到和亲身感受以后，感觉无论用相机怎么拍，你都无法拍出当时在村庄中的那种空间感受。

我觉得首先这个建筑体现了当地人民的性格特质，大家都了解湖南人的性格特质，有一种说法：湖南人是南方人当中的北方人。他们集南北方人的性格特质于一身，所以我觉得这里的建筑融合了南北方建筑的特点，从体量和尺度上还是比较大气，相对于江苏和安徽民居的建筑，从颜色上来讲，它是比较内敛的，以灰色调为主，我觉得文化的多样性在郴州民居上得以体现。

吕彬（音译）：大家好，我是湘南学院景观一班的吕彬。经过这几天的民居考察，让我想起2000年左右的时候有一个叫做玲珑堂的建筑，整个一栋房子全拆了搬到美国去了，一砖一瓦全部走了，搬到美国去整体重新复制，重新搭建，大概花了一个多亿。也就是外国也是很重视中国的这种传统文化，中国建筑形式也是非常美的。我又想到这一次考察，在我看建筑的时候，每一个栋建筑都是非常漂亮，无论整体还是局部。但是里面居住的村民并不认为好，那我们在研究的时候先把它当做一个传统文化去保护，里面人的居住环境并不好，我们也可以去研究下他们的生活。另外就是建筑的传统形式和那些木雕、砖雕是非常漂亮的，像刚才老师说的民族特征、文化特征，希望能够把那些传统的东西传承下来。我认为目前就不是把那些形式简单的复制，看了之后觉得既不传统、又不现代，感觉很不协调，要考虑怎样才能把传统的神韵传承下来。接下来我想要请教一下王铁教授：怎样才能把我们传统建筑的神韵传承下来。

王铁教授：对传统文化的继承，首先要认真地正视现在所处的整体社会大环境，从国际的大背景下再到中国国内的现实环境，以及各个省、乡、镇、村的实际，这个环境与古建筑所产生的年代是完全不一样的。我们遇到了最复杂发展的时期，旧传统遇到复杂的现实因素，摆在面前的是该如何判断。倒回来说古村子吧，过去一个家族可能是整个村子，现在是外来的人住进去了，整个村子周边的环境改变了，村子的人对过去传统观念的认识也改变了，所以这样就造成了不可能恢复到过去古村的状态，同时人们对事物、建筑的看法，以及互相之间的邻里关系已经完全不可能和原来一样。一问老人，年轻人都不在村里，现在年轻人愿不愿意回去呢？大部分可能就不愿意回这里，这是农村一个现实的问题。

拯救古村落使中国传统文化保持住是个课题，当然也不能把所有的村庄都保持住古风格，那样也没有意义，那样的话土地就出麻烦了，18亿亩粮田的底线就守不住了。其实建筑它是有生命的，该死掉就得死掉，所以它的生命价值绝对不是植物人式的古民居建筑，用传统情感的方式维护古建筑是无法挽救它的。重要原因是社会变了，我们研究古民居建筑是认可我们的先人，尊敬祖先那么的勤劳，创造了建筑居住文化。同时我们也非常认可那个特定历史条件下的文化造就出了伟大中国传统的建筑历史，直到今天古建造技术对我们学术研究的确是起到了精神层面上的最大鼓励的作用，这就是我们要肯定民族文化在那个阶段的辉煌成果。今天面对古民居建筑辩证地去判断，理智告诉我们绝对不会复原古建筑，当然也要少量的保留一部分有代表性的古建筑群，因为无差别的复原也没有意义。

所以我们这几天看到这么多复原的建筑，不一定是成功继承。问一问板梁村民都说村子两年前旅游业辉煌过，现在不再辉煌了，因为有很多实际问题没有解决。只靠某一个人操作一下事情弄一些客源来，维持不了多久，只能是恢复往日的平静，筋疲力尽让他们结束了一时间的盲目，村民了还是恢复到往日那种平淡的生活，正常地过日子。农民最现实了，也就是说你激励他的时候，他稍微往前跑几步，等他跑起来发现劲头不是很大，回头他们还是按自己的常态生活，因为根本问题没有得到解决。也就是说变化的环境促使他们不得不按照原来那种传统的习惯生活，经济条件是决定因素。村民说：在这个村子居住生活的人，他们的节奏跟村子以外城市里人的生活节奏和收入是不一样的，所以让他们更好地去保持住过去那种生活习惯，也是不可能的，他们有自己的节奏。他们天天有电视看，所有的信息来源也都和我们差不多，由于心理上的变化，他们的心态已经开始浮躁了，复杂的原因改变了他们的思考习惯，改变了以后我们一厢情愿地把古村建成过去的样子，村民并不满意，根源在于他们的收入问题，我认为仿制不是新农村建设的未来。

寻找中国当下乡村居住建筑设计的方式确实是庞大而有难度的课题，不能用过去传统的方式去恢复。因为现在居住的条件变了，时代强调绿色设计三原则：第一是安全，第二要宜居，第三要低碳。广大的农村传统建筑构造如果按照中国目前抗震等级标准执行，大部分村子里的建筑都得拆掉，因为都是危房不达标，所以年头越多这些古建筑危险就越大。可是改革开放 30 多年了，眼前建筑物里居住的这些有传统根基的人，有文化历史渊源的后代还住在古旧危房中，我们怎么想呢？他们有一个什么样的未来？我们大家都可以想象得到。有许多村民还住在危房里面，一开门屋里面并不好，可他们还住在里面，我们只能算他是面对传统临危不惧了，也可能说是无知者无畏，他不知道这个房子什么时候要塌。还有的人意识到危险，在入口墙边挂上手写的小牌——“危险不要靠，伤了自负”。年久失修的建筑随时都可能会塌落，实验教学考察就在这危险的环境中开始，怕那一面墙倒了，考察过程中我都担心，但这次实地调研的结果还比较安全满意的。

今天大家畅谈的是什么，我认为不是个人的感受——印象。大家畅所欲言用的是一种新的观念去看待过去的传统文化，看待祖宗留下来的遗产。我们学习先人的辛勤劳动，努力向上的那种传统文化精神，是最重要的，用它激励我们今天努力学习做建设国家的大事情。深知要想继承古建筑文化的精神，就要加强对物质与精神文明的科学化，学习传统文化是解放思想的过程，我所说的解放是思想解放、精神解放，是一个多层性的解放，面对现实我们还得努力，还得学习。

有很多同学都说恢复自然环境，古民居建筑就像是从山里长出来的一样。在过去特定的那个年代可以按着宗族规定建设，过去不可能像现在交通这么发达，把外地材料运到湖南是非常不容易的，大多数人家是不可能做到的，条件是只能就地取材，盖出来的就是今天看到的古建筑遗存。过去用简单的材料盖起来，今天我们看到的就是与自然相结合。早期的时候没有建筑规范，就地取材，主人口说匠人按传统规矩兴建。现在因为有了各种规范和等级限制，全国建筑基本上风格是接近的，人们常说全国建筑是千城一面。因为现在有方便的交通、有网络，有电话，有标准，都是这些东西惹的祸，搞得大家都一样，所以我们不用要过分强调恢复，恢复它不一定就是好事情。你恢复，建筑是恢复了，那里面住的人你能恢复？标准就是要规范，地球都是一个村了，感觉相同是大势所趋。

对于古文化不能什么都无原则地恢复，有些东西可以恢复，有些东西不能恢复。到底如何继承发展传统，我们一直讨论这个问题。还有建筑的形式和内容是不是应该统一，多年来在讨论这个问题，研究湘南民居的过程就是让大家深思，就是要对过去传统的、现在的、未来的，有一个正确的认识，我认为这是最重要。不要偏激、要科学、综合地去看这个问题，将来你才有可能去正确处理任何问题，才有可能去考虑历史文化的过去、现在和未来。否则的话将会产生偏激。

看一个东西就觉得它特别的好，怎么产生的感觉，这是盲目地赞赏它，其实分析问题重要的是把问题稍微一放大以后，你才会发现你原来是在一个很孤立的角度去看待的，所以我们现在要学会对各种信息的分析整理，不管是上下左右方向的问题，其实科学的方法就是要用立体思维进行思考。我提倡人在思维的过程中要建立一个模型概念，模型是立体的，可以看出各个节点上的问题。我强调写文章也要有建立模型的概念，文字也是有空间的，学习要有、绘画要有、设计要有，所有构思都要有。建立立体思维的好习惯有助于研究框架，在今天不做模型，那研究就不是立体的。我在中央党校学习的时候，同讲美学的教授聊天，他首先说研究美学都要先建模型，过程中需要使立体模型与每个节点之间产生联系，研究是一个立体的研究。我们知道文字在形容空间、形容事物时也是立体的描述，二维图形是平面的没错，可把平面向上拉起来就是立体的，把立体的拍平了就是平面的，平面最后也要贴在立体上，因此做设计就是要建立立体的思维。有人说我重来都是从平面做起的，做平面就是做平面，请记住没有立体的思维的视觉传达不是好作品。

刚才范迎春教授所说的，不管是学景观的、室内的、视觉传达的，这都一样，因为最后都得放到空间中去。我对学生说你平面做得再好、再平，也得贴到立体上，所以我们要建立立体思维概念下的建筑设计，要全方位去思考问题，把握原则认真探讨是很重要的，不管你对历史建筑的研究是深是浅，都要防止走入一种特别孤立无援的境地、特别痛苦的状态，其实就是尊重客观现实，尊重历史就能见效果。

不管怎么讨论，本次实验教学都是在印象层面上的，强调在精神层面上，建立起一种努力向上的阳光心理。

范迎春教授：下面请杜军老师发言。

杜军：大家好！我是中央美术学院建筑学院的访问学者，我叫杜军。

第一次来到湖南郴州，我特别感动于湘南民居的秀丽，古村落能够保存得这么好是非常难得的，我觉得不管是北方民居，还是南方民居，都有一定的地域差异。昨天看的板梁村以及今天看的阳山村，我首先的感觉是当时人居的生活方式、建筑材料以及地域特点的不同，然后考虑它们怎么发展和保护的。刚才王铁教授也说过了对于湖南民居的旅游开发未必就是适合，那么就研究和保护而言，到底处于一个什么状态。我们要对湘南民居进行研究和保护，对湘南民居进行较全面的研究，教学必须要分两个步骤进行。

第一，细读唐教授与范教授的湘南民居研究著作和成果；第二，深入开展湘南民居的学理研究，并结合实地调研分析问题。

重视湘南民居里村民的生活方式，以及当时生活的村落规划及居住空间构成。眼前的遗存不能按照今天现有的条件去建设，去设计一个小区或者设计一栋别墅，对它认真进行功能的分析与研究是我的课题。我注意到过去古民居门的高度是不是也要规定得很细致，我们一进门的时候发现，当时可能也没有经过很严密的分析和设计，匠人自己去外地或者去邻居家里看了一下，窗花、窗棂怎么做，然后就把它直接搬抄过来。

有一些比较可惜的细节性的东西被损毁得无法完全看到，经导游介绍都是在“文革”时候被破坏掉了。我觉得村民的建造方法在当时对他们来讲是非常适宜那个时代的生存状态的，但是如果我们用今天的模式去分析，把它复原到那个状态的话，确实未必就是一个很好的作品。因为我们现在生活方式已经改变了，村子里面基本上就是空心村，生活在里面的老年人和孩子比较多。作为这么一个村子来进行研究和探讨改造模式，从现在来看好像只有一种方法就是把它做成商业性的，进行旅游开发。做旅游开发的话未必就能达到对民居研究和保护的最好状态。村子里面住的人已经不再是过去的单一宗族了，现在的情况是除了老大爷、老太太和小孩子住在里面，年轻人都已经不住在村里面了，不进行适当的研究，不及时保护古民居的话，它未必能起到一个非常良好的效果。

我是第一次来湖南，来做古民居研究，我认为首先要分析一下当时人的起居生活习惯，比如说在他们生活的时代，在每一天的早晨先做什么，或者吃饭的时间安排，或者外出之后回来做什么，或者晚上是一个什么样的状态等。当然我们已经习惯了现代的生活方式，假如我们住在这样的古村落里面，会是怎样的情景？又假如对于一个画家来说，就像湘南学院的吴老师喜欢画画，他在里面住上了一段时间并感受到当时这种人情风俗，然后把感受以艺术的形式表达出来，会创作出一幅绝妙的作品。

但是如果长时间在里面居住，比如居住一个月，或者时间更长，会是怎么样的感觉？如果不是从艺术家的角度去感受这个村落，那么住在里面的人能忍受吗？现在去板梁村待上三天，我觉得我可能就待不住了。还有一些细节性的东西，比如建筑的细节处理，包括转角处的护角，北方也有，南方也有，只是材料会有不同。还有这几天在板梁、阳山看见建筑转角的地方都是一块石头，细节体现出劳动人民的智慧与勤劳，我就说到这里。

范迎春教授：下面请薛兰新发言。

薛兰新：大家好，我是湘南学院室内设计专业的学生。我来到郴州读大学是第三年了，从来都没有去认真地看过湘南民居，对它各方面的特色以及风俗习惯都不知道。

我觉得郴州让我特别有兴趣去看民居。这一次借着有实验教学这样的机会，让我去品味湘南古民居，去试着寻找它过去的样子，以及今后又会怎样发展。时间比较短，对湘南民居建筑本身感悟思考得比较少，也可能是由于专业方面的原因吧。

下面我谈谈别的方面的感想，看到板梁村是刘氏家族，阳山村这边是何氏家族，都是以宗氏家族的居住方式群居在一起。现在都是居住在密集型的小区里，对家族的观念是越来越薄，亲戚之间也很少走亲访友。跟同学之间互相聊天发现，大家回家过年的时候，几乎很少有同学家里保存有族谱之类的物品。而且我觉得现在逢年过节气息也真的是越来越淡了，不知道是否与我们现在所处的时代有关，还是我们对传统文化缺少了解。

我对宗族方面的感觉比较深，还有就是我看到的民居的门楣、门槛、窗户的施工工艺方面，还有它的取材，木雕、石雕都非常精细，上面用的那些纹饰都赋予了深刻的含义，像现在真的没有什么木工会很认真地去雕这些木雕、石雕。以前的手工艺失传了，取而代之的都是一些高新技术的生产方式，比如说板材全都是机械生产，我们小时候都会手工去做一些东西，可现在为什么做不了呢？这是我思考的现实问题。

范迎春教授：下面请刘英同学发言。

刘英：我住在湖南永州，老家也是郴州的。因为我一直生活在湘南这个地区，农村我也经常去，以前过年过节拜访亲戚都会见到古村落，我们那里也是瑶族自治县，也有瑶族类型的江南民居，我觉得以前就没有注意到湘南民居的特色，与安徽民居不一样，特别是马头墙上有弧形。瑶族建筑就是屋脊部分没有马头墙，但也是弧形的。范教授说我们那个地方是瑶族建筑风格，是非常有特色的，希望各位教授有空去看看。这次我对湘南民居的印象，基本是站在专业的角度去看，我是学室内设计专业的，对湘南民居的装饰、对室内的吊顶觉得蛮有意思，有镂空的花雕可以用在室内设计上，相信对我以后的设计挺有帮助。

我在板梁看见墙上雕刻有纹样，以前留下的色彩经过岁月都脱落了，这个形式可以在室内设计中用到。范教授介绍的烛台是一块木头直接卡在墙上，这些小细节都值得注意。考察了湘南民居对我以后的设计会有帮助。说点感悟的话，就是在上建筑设计课时学了很多理论的知识，如果自己不深入调研、没有这次机会，就不会了解古建筑结构。这次考察了湘南民居，对今后的设计会有很大的帮助，认识到设计要务实。彭教授昨天的讲座说道，如何提升审美我觉得都是非常的好，就说到这吧。

范迎春教授：下面请丁磊老师发言。

丁磊：各位老师、各位同学大家好！

我祖籍安徽，在江西工作。这次到了湖南参加实验教学感受湘南民居，我想从我个人的特殊角度上来作一个类比。三个地方的共性在于中国的传统文化，儒家和道教对于中国民居的影响是很大的。另外中国人很智慧，山水的文章在南方做得非常有意思，是人和天地之间共生的关系，在湘南都可以充分地感受到。三个地方的劳动人民都非常的智慧，都创造了伟大的居住环境和非常好的物质文化遗产。

从徽州来看，我的感觉湘南民居是受徽商影响的民居。湖南民居在水的运用上面可能更加的智慧，可能比江西民居，比如与宏村的水的运用相比考究得更多。在板梁我感觉到水，半月形的水池不能满，只要一半，其实是传统文化的表现。在宏村也有半月池，它们很相像，是一脉相承。因为这可能跟理学家朱熹的思想有直接的关系，这三处他都到过，所以在建筑影响上还是比较大的。相比之下安徽的民居可能更纯粹一点，横的就是横的，平的就是平的，整个马头墙就是平的。其实湘南在差异性上讲，我觉得可能徽州的民居和江西民居以及湖南民居之间，湖南和江西的更相像些，特别在马头墙的处理，以及外墙的材料上面，还有它几进的格局更是相像。安徽的外墙是做白，粉墙黛瓦跟江苏和浙江的很相像，跟周边的环境和颜色非常协调，借白色来取色，这一点是相通的，为此湖南民居和江西民居的外墙就产生了一个色彩很丰富的感觉，给我的感觉是受多元文化影响。前天我听范教授和唐教授的讲座很受启发，我了解了多元性在湖南的表现。

我感觉板梁的建筑虽然新老建筑不和谐，但板梁建筑格局更美，特别是在天际线的处理上，一进村，桥、水、庙、亭子非常美，我最后经过商业街来到老百姓聚集的地方，整体空间格局很连贯。阳山的建筑比较

整体，是有墙围合的格局。

作为民居的保护和开放，我看了之后心存紧迫感。像小埠开发了一块商业建筑，还是保留了老的古民居建筑，好像表面上很统一，我们进村去之后就发现像王铁教授说的，把城市的生活方式强加于农村进行开发；而板梁现状完全就是无秩序的、自然的，整个村后来的建筑颜色、外墙的各种关系完全不考虑老建筑；阳山还好一些，比较完整。从全国来看，我个人感觉，中国文化的复兴现在正在进行，的确都意识到了，老百姓大部分是有这种意识的。改革开放三十多年给我们带了非常多的机遇，我们年轻人也赢得了很多机遇，但是发展太快了，我们感觉内心有时候很空洞，特别是我们搞景观设计到这个节点上。对于古建筑我们不能完全地复制，今天西方文化充斥了我们的生活太久了，应该到了重构的时候。美籍华人贝先生是在院子里长大的，贝先生的香山饭店、苏州博物馆，这些设计完全就是物质和精神的重构，不是简单地完成一个建筑艺术空间而已。

范迎春教授：下面请陆晓田同学发言。

陆晓田：大家好！我是湘南学院的学生叫陆晓田。第一次参加实验教学活动感触也很深。然后我觉得这三个村落都有一个共同点，那就是人文理念对人们的生活方式产生了很大影响，同时我觉得古建筑不管在外观还是内涵上，影响着那里人们的性格、气质。与过去相比较，现在人们过于注重房屋的奢华和炫耀，反而在细节上注重得更少。刚才王铁教授讲时代变化了人们不愿再住这种古旧房子，我想是不是现代社会的发展影响到了那里的人们对房子建造的认知？是不是古建筑的舒适度差、功能不符合人们的需要？我去过板梁、阳山，小埠。特别是小埠我感觉很假，虽然它在形式上整体和古建筑都很相同，但是它内在的文化底蕴和工艺方面都是远远不够的，我觉得很多内在的东西已经缺失了。文化底蕴、工艺、文脉也流失了很多，我想当地政府应该更加重视和保存。

范迎春教授：下面请杨蓓老师发言。

杨蓓：大家好！我自己本身不是学建筑设计的，是学视觉传达设计的。在整个湘南民居的教学实践当中，我对建筑的关注相对较少，更多地看了一些装饰性雕塑和纹样的特点。我感觉“湘南民居印象”给我最深刻的感受就是：艺术源于生活。因为我感觉生活当中木质的雕塑包括窗花，门上的装饰以及门簪、藻井，所有的这些造型和艺术设计都是源于生活的需要，在能工巧匠的装饰下，进一步去追求形式上的美感，所以我认为首先是满足了生活的需要。正因为这种生活的需要，建筑的整个装饰造型艺术都围绕着当地民族的习俗风情来进行设计。所以我想它大概可以体现在两个方面：一个是它的文化内涵，另一个就是它的装饰造型。

从文化内涵来看的话，很多窗花的装饰纹样跟湖南民间造型艺术和其他的地方艺术会有一个区别。因为湖南民间造型艺术所有的装饰纹样大致只有三种，第一个是宗教的巫术神式纹样，第二个是民间宗族的吉祥纹样，第三个是福禄寿喜吉祥纹样装饰。那么在考察湘南民居的这几天当中，我发现巫术神式很少见、基本没有，但是宗族文化体现得特别明显。村里很热情的老爷爷，一直给我介绍窗花，一个窗花可以体现很多的内涵，这个窗花外面是几何形的线条组成的格子，上面是两个鸽子，下面是两个石榴的对称造型，中间是一个具象的绘画，通常都会是一些故事或是寓意的戏文场景和造型，下边长条形框里面，一般是菊竹梅兰或者琴棋书画。窗框为什么要这样来做呢？为什么有这么多的丰富纹样集中在一个窗上呢？他又说，石榴首先是代表多子，因为是宗族聚居的地方，因此都希望多子多福，所以当中会出现很多石榴的造型。今天我们大家要住在一个环境中要和谐共处，上边有鸽子代表和谐、和平，对称的造型里面会有蝙蝠表示福到的意思。

造型不仅是源自于审美的需求，更多的是民间劳动人民对美好生活期盼和需要。另外装饰造型里面有一个特点，就是用了很多不同的内容集中一个物件上。比方说门，大概有四扇，它每一幅图案都不一样，有赵子龙长坂坡救主、桃园三结义，第三块与其他几块深浮雕不同，很粗狂，最后村民告知图形是"文革"时被砍掉的。我想在传统民间文化当中，都说越是民族的，越是传统的，就越是世界的，在很多作品中都运用了传统纹样和装饰造型，不仅仅是运用传统装饰纹样的一些结构，更多的是关于这种精神文明内涵的传递。文明内涵说明我们的现代设计作品不仅仅是对古代原有的艺术品的简单的仿制。另外在结构特征当中，比如板梁造型相对丰富一些，一扇窗户上面的线条每一节都是分段的，并且窗框在分段的时候，每一小节都会有一个弯，绕着饰角的装饰；而阳山的造型更为简洁，全部都是直线型，横平竖直构成形式感的木框制作工艺，有一些大户人家中会有少量的装饰纹样出现。它们同属一个地域文化，但多少也会有一些细节上的差异，可能与当地宗族的审美有一些差别，这是我从视觉传达的装饰纹样的细节角度对湘南民居的一个初步印象。

范迎春教授：下面请蔡鹏程发言。

蔡鹏程：大家好！我是湘南学院的蔡鹏程。我听了这么久，大家很关注的一个问题就是如何保护、发展古民居，我们可以反过来想它是留下来的遗产，它为什么能会被保存？这三个地方的考察根据我上网查资料得到的结果是，板梁是为官建村，是一个村庄，是当官的衣锦还乡之后兴建的家园。阳山是文人建村。比如宏村就是商人建村，都是有一个主心骨，就是说有凝聚力在里面。因为有了凝聚力，导致了它不管在什么情况下，包括自然灾难、人为灾难，建筑都能够保留下来，是因为它的存在是周围的榜样。还有能够保留下来是因为它的使用材料。像围楼和客家的土楼、碉堡，广东的碉楼能留下来，是因为材料很坚固而不易被摧毁。我们现在所知道的蒙古包、朝鲜民居都消失了。我们想怎么去发展它、保留它，再说现在所知道的空间也好，装饰也好，对元素的研究最低级的就是提取和套用。我觉得昨天的讲座让我受益匪浅的就是对建筑艺术的感受，我认为学习就是阅读得多了便自然地会表达，与其说去发展古民居，不如说去积累古建筑的建造艺术，教育我们今后不能只停留在窗花等装饰纹样上。

湘南民居以前是因为交通不便利，建筑在山中，造成了建筑民居在样式上和文化产生差异。那么今天的生活环境应该说是大同的社会环境，今天交通很便利，你想模仿谁，学谁都很快。我们保护古民居其实有很多措施，不一定要使它可以像希腊那些柱式、构件一样放在博物馆里，把完整的留下来就可以了，不一定提取什么东西。还有就是我们可能觉得现在的民居很丑陋，就像贴瓷砖的建筑很丑陋一样。但是在1960年代的人来说住筒子楼的人也很讨厌其建筑，但是以我现在的眼光来看，也成为一种文化的记忆，或还成了一个时代现象，未来也会有人去研究它。比如说裕后街拆房子的时候，我们心里也挺难受，因为它是一个时代的印记、标志。还有民族特性，生活在这个土地上，你就是这个民族，你表现出来的就是特性，你不要老是追求过去的民族特性，所谓的天人合一什么的，现在是什么样的，就是什么样，我们的生活状态就是我们的形象，就是我们的民族。

范迎春教授：下面请王倩发言。

王倩：大家好，我来自湘南学院。我家住在黄土高坡，住在另一种叫窑洞的建筑里，现在一直在住。经过这两天的实验教学考察，我对湘南民居的印象还是停留在表面，包括看到这些精美的装饰什么的，现在大家都说古民居保护的话题，那我就结合窑洞说说。我们到村子去，多数村民都很渴望与我们交流，村子里面居住的人特别少，留下的都是些老人和小孩，他们其实并不喜欢住在这样的古建筑里面。采光不好，通风不好，又潮湿，我想当大家都不想住在这里的时候，该怎么保护和继承呢？

我们黄土高坡的窑洞外形和这里比起来更加朴素，非常简单的一个洞。但是在我们那边特别受人欢迎，不需要刻意去保护，多数人们是喜欢住在这样的建筑里面，因为它舒服，包括很多有钱人仍然会留一些窑洞、院落，让自己的老人住在里面。现在很多的儿女成才了，把农村的老人接到城里去，接到新房里去。这种生活方式他们很不适应，用不了几年还是要住在自己的老房子里去。所以要继承传统的话，关键要看是否能够满足人们生活需求。

比如说窑洞，它并不好看，它和湘南民居外观比起来相差甚远，但是为什么还有那么多人去住？不用刻意保留，还是保留了下来。徽派民居和湘南民居给我留下深刻的印象就是排水系统，导游告诉我不要怕迷路，如果迷了路就沿着水走，就可以走出村子，真是特别神奇。

范迎春教授：下面请王铁教授发言。

王铁教授：其实任何一种建筑风格的画面都是由当地特有的条件所决定的。陕西土质好，可以挖窑洞，可在内地挖不了，这是那个特殊年代、穷困造成的，试想如果窑洞好，你们放心吧，开发商早就全部去开发窑洞了。窑洞是那个特殊的年代、特殊的经济条件下的产物，对于建筑开发它毕竟不是一个好事情，把土地挖成那样子，会造成水土流失的。前年，中央美术学院的张老师去陕西研究地坑窑，一进村看不见房子，村子界限在哪儿都不知道，走到近处才发现地坑窑，致命缺陷是解决不了通风问题，不宜居也许就是传统的地坑窑最大的缺点。

范迎春教授：下面请文艳峰同学发言。

文艳峰：我是湘南学院的学生。在中国这个大背景下你要继承一种文化，首先选择的对象必须是保存下来的遗产，我觉得在中国保护与传承并没有达到一个很好的平衡关系。现在有些开发保护是比较好的，像凤凰古镇吧。而有些地方开发之前我感觉建筑风景特别美好，但开发之后感觉就变了，建筑和环境并不是我想象的那种空间关系。在我心中已有的理想空间效果，是因为当时在学校做课题的时候，是站在一个客观的角度上去观看的。就古建筑本身产生的年代而言，可以说就是一个时代的产物，是当时社会、文化、政治、经济等各种因素的综合体，是在当时的文化氛围下产生的，所以人们才会有那么多的感触。我们现在是从一个课题的角度开始理解，而不是从一个社会人的思考状态下去理解的。作为社会人不仅受古人传承下来的文化所影响，今天还受到了西方文化的冲击，我们需要的物质并不等同于以前，所以我们再学习古代文明时，感受古代文化的时候，我觉得不应该过分地去评价，发展湘南民居并不是徒有其表地去研究感受湘南民居的外部结构，我对湘南民居的感受是那里面的内涵，为什么会产生？它是封建社会的产物，中国人根深蒂固的思想，讲求要落叶归根，要衣锦还乡，要把村庄建设好。我们现代人需要一个住宅空间，但社会除了从经济导向方面去引导，更应该从人的内心去发掘，感受人们内心需要一个什么样的居住环境。我们的邻国日本为什么把农村住宅建设得那么好，除了引导外，感受到好的环境也会给人们带来幸福。我觉得做设计不管是景观、室内、建筑，都要应该从人的内心去挖掘。

范迎春教授：下面请吴俊发言。

吴俊：大家好！我是湘南学院的吴俊。关于实验教学湘南民居印象的调查，我发现马头墙、天井、窗花里面的设计元素都是非常有意义的。经过这次实验教学调查有两个体会，一是对自己的艺术设计思想有了深层次的提高，二是对湘南民居有更深的认识，保护完整的古民居是需要有文化底蕴和很强的经济基础。

范迎春教授：下面请暨露同学发言。

暨露：大家好，我是湘南学院景观一班的季路。经过这两天的实验教学湘南民居印象的考察，我感受最深的是古村落非常有人情味，能够感觉到来自农村的亲情。我妈妈对于在城市里买房子不是很支持，认为住在一个小区里所有的人都不认识，不像在乡里到处走、到处玩，大家嘘寒问暖，感觉特别有人情味。我去阳山看见那里有多人一起办酒席的地方，还有公共的祠堂，在村里所有的喜事都是一起办。我感动板梁和阳山、小埠做的天井，板梁是几乎家家都有，阳山村落一进去也是有特色的，我在考察的时候穿越大小巷子，板梁村路线比较曲折，阳山村和小埠村纵横交错比较方便，建筑的道路尺度比较窄，当我们走进去的时候觉得心会静下来，在狭窄的环境里面人们会觉得有安全感，觉得有点受保护的感觉。

范迎春教授：下面请沈其扬同学发言。

沈其扬；大家好！我是中央美术学院建筑学院的沈其扬。自己热衷于古村落研究，包括江南民居和皖南民居村落。因为我觉得这种古村落不同于现在我们所熟悉的城市规划。现在很多国内、国外的村落规划，更多的是政府、规划师或者建筑设计师个人意志的某种体现，但是现在的古村落包括我们近日看到的湘南民居，其实是一种宗族式自发性的集体建设，是当地居民自发性建设产生的一种生产活动。我觉得整个村落建筑里面更多的是凝结了当地生产建设的智慧，是当地人性格的一种体现。当然也凝结了很多生活细节，其中包括装饰纹样，还有水系分布。刚才听过几位老师和同学说古村文化。我说一些我自己的认识，从空间秩序的划分上，我想对这个村落做一些必要的分析，我们大致可以将一个村落的秩序分为：外部秩序和内部秩序。

什么是外部秩序呢，第一我可以将它的交通，以交通功能为主导的空间作为它的外部秩序；第二用来居住，用来活动的空间称为它的内部秩序。然后，我就突然想到，在日本可以看到很多的居住区，首先有街道，然后街道两侧是围墙，围墙内部才是住宅。住宅其实是划分非常细的，也就是说首先要从围墙入口进入住宅，住宅有一个非常小的门厅，门厅连接着其他一些附属功能的使用空间，然后才能到达客厅或者卧室。这两天在实验教学考察湘南民居时发现一个问题，村中街道非常窄，比日本街道还窄，很多建筑的门厅直接暴露在街道外面，有的时候我们可能会觉得门厅是街道的一部分，所以整个湘南民居建筑与文化同源的日本不一样，日本把外部秩序和内部秩序划分得十分明显，但是在湘南民居里面是很模糊的。我认为可以把入口门厅当做街道秩序的延伸，同时也可以把街道门厅当做街道的一种附属品。所以我觉得在这里面可能凝结了很多湘南人民的多种智慧，同时也体现了湘南人民这种热情好客、与人为善的阳光心理。包括这几天，我和同学、老师都深刻地体会到了这一点。

范迎春教授：下面请李松润同学发言。

李松润：这几天的实验教学虽然时间很短地调查了这些古村落，但是我收获还是很大的。刚才发言的几位同学抓问题很到位，比如像与日本对比，空间的错落，皖南民居与安徽民居有什么区别，再比如说像马头墙和砖体墙有什么区别等，包括今天和昨天去的村落都是完全没有被商业开发的古村。没有商业开发有什么特点？应该还是属于很原始的状态，是很古老的那种感觉。和欧洲罗马帝国时期的古村落相比，那里的人、所有的牲畜都在里面自由走动。古村街道脏乱差，臭气熏天，疾病容易流行。然而这些在郴州的古村和城市建设之中没有出现，如何在有效保存这些传统建筑元素的同时，解决一些发展的过程中不太好、不太干净的问题值得思考。在欧洲的巴黎、罗马这些城市的脏乱差的问题已经完全解决了，各种景观及建设非常干净，但是还能看见以前的身影。

中国要发展，中国与欧洲文化一样也是有着几千年历史，都经过几千年辉煌的时代，今天在发展的过程中我们必须要把中国的元素和中国文物保存下来。

听老师讲，郴州有很多外来的人，比如说在元朝的时候，因为内战而逃出来的客家人来到这里，村子里都是由家族管理，比如说有几户大地主，宗族法规就是由大地主来制定并执行的，如今不管国内和国外，大地主都已经消失了，那现在该怎么样来管理这些村民呢?

范迎春教授：下面请谌阳老师发言。

谌阳：大家好，我是湖南第一师范学院的老师，就这次实验教学我说两点。

第一，是关于参观者，也即是我们研究者本身，主要是指同学们。我感觉，不知道是因为同学们见过的世面很宽很大，还是说本身就很酷，我认为古民居没有引起大家兴趣。没有那种一进入之后就有那种“哇！”的表情变化，好像都是非常严肃，沉浸在历史氛围中的思考感觉。到一个地方之后，你首先得让自己爱上它，你才会真正有兴趣去探究到底，里面的历史到底是什么样子的。我们看过之后，拍了照片，如果说回来要研究它，运用它的话，并不是在设计时照搬到我们的设计之中，而是要去深入探讨它的精神内涵，它到底是什么？并不是说它的雕花很漂亮，它的马头墙就像小埠那个村子的一样美，不分类地全部都用在新建筑里面。我对这样的设计非常反感。事物毕竟是发展的，不需要把老建筑放在新建筑里面，并不是说元素不能用或是全部就照搬下来，所以我想怎么用传统元素，是各位设计师进入社会后要考虑的问题。

湘南建筑的元素，我觉得跟其他的小镇的元素肯定是有很多区别的。青石板的材料非常有特点，与地域特色非常相关，但是作为湖南人来讲，我也是第一次来郴州看湘南民居，很多地方都是灰调调，包括我们自己学校的外墙也是个灰砖色，湖南建筑色彩基本上一样，我觉得这种外墙的颜色，让我感到已经审美疲劳了。不知道为什么，也可能有更好的发展方向和做法，希望各位师生在以后的设计研究中能够提一些更好的想法。

第二，也是大家提到的，是古建筑如何保护和今后的发展问题。我是这样想的，我并不赞成把古建筑做成一个纯粹商业化的项目去开发，能否像丽江一样作为一个商业街，甚至像西塘、江浙那些古镇一样，开发商做得非常世俗化没有必要。既然是民居的话就应该以它的功能为主体。前面也提到像窑洞一样的建筑，也许存在是因为它很适合居住吧。那我今天看到的湘南民居，以现在人的角度看是不太适合居住了，走进去一看堂屋里面都是漆黑的，窗户基本上是看不到光的，没有现代人居住环境，不是很适合的人居条件。如何利用古民居并在居住上创造合理的功能，商业可以弱化些，可以把它做成博物馆之类的，或者直接作为自家工作室方式，这样的做法也许是可以的。

既然保留古建筑，我强调的是自然保护，就应该让它完完整整地留在哪儿，不需要特殊的设立一个保护区，而是应该更好地利用它，绝不能把它用保护罩罩起来。这是我的一些想法。

范迎春教授：下面请黄智凯老师发言。

黄智凯：大家好！我是湘南学院的黄智凯老师。其实对于湘南民居的实验教学考察，以前我校也是深入考察了好多次，那么这一次的考察是以实验教学为基础的湘南民居印象调研。我想首先提出一个问题，我们为什么要对古民居进行考察研究？我们做这个事情的目的是什么？可能不同的人，会有不同的解释。比如有的同学就只是埋头地参观，比如说我会带着一个课题性的研究去思考，再比如我们老师都有自己的角度。但是对于古民居保护，要参考政府是怎么想的，开发商又是怎么想的？

那么从以前来讲，从古代的村子里走出来的高官或者是商人，他们为什么等到自己飞黄腾达了以后，才会回到村子里做一些相应的公共事业，我想可能跟他们从小受到的教育有关。他们小时候都是深受儒家思想的影响饱读四书五经，所以说他们追求的是一种父子关系、君臣关系、长幼有序的等级观念。我们现在，大家从小接受的是诱导教育，包括现代思想的冲击，传统观念对我们来说已经很淡薄了。对于这种公共事业来讲，更加不可能像以前计划经济时代那样，所以我们现在的时代，修宗祠也好，包括建育婴堂等都是不可能重现了。

那么我想就我们现在看到的古村落保护和古村落的开发来讲，在郴州也有两种形式；一种是半开放式的，比如说我们走过的板梁村、阳山村有对游客开放的一面，同时村子里还生活着一些人。另外一种是小埠村，它完全被开发商所开发出来，游客进去之后在里面玩一玩、吃一吃，很简单的参观然后就出来了。对于这种形式建筑是勉强的保护下来了，可它真正的文化内涵有没有继承下来？在爱莲湖畔的这些楼盘，包括过去的湘南民居也好，它们在建筑的形式上面，都遵循了马头墙的地域形式。这种形式放在新建筑上是不是好看，是不是适合的？我们为什么强调湘南民居的布局，因为整体的感觉很好。举一个很简单的例子——水系，村庄排水系统做得好，水可以供人家洗菜、洗衣服，大家又可以共饮用水，还可以做观赏用的月塘。

为什么我们现在的水景做不到这些，只能让人远远地看，甚至稍微深一点还要做个围栏，上面写着：“禁止嬉戏”。那么眼前这种景观是不是适合我们人类今天想要的感觉，难道说我们对于湘南民居的保护只能像河姆渡遗址那样做一个空架子保存在那里，还是说像三星堆博物馆一样把它框起来，做成一个博物馆的形式，我想这些是我们需要认真考虑的问题。

范迎春教授：下面请吴巧燕发言。

吴巧燕：大家好！我是来自湘南学院的吴巧燕。当我进入村头的时候感觉到：房子怎么这么密啊？会不会住得很不舒服呢？结果我进去一看，村子的采光、通风都不怎么好。很多年轻人都不愿意住在这个地方，住在里面只有老人和小孩，今天古民居很不实用，但是它的研究价值是永远都存在的。窗户上的窗花、房子的构造、石雕和木雕都很值得我们去研究。 越看它觉得越好看，反正古民居就是彻底地把我吸引了。 阳山村本来比较规整，它的排水系统就像格子一样，横的、竖的，很有意思，村内有很多屋子并没有设天井，排水就是自然地流淌，但是也不影响大雨排水。房子相对来说都不大，村边有两条大的水渠，现在城市都发展这么快，大多数农村也都城市化了。

范迎春教授：下面请黄志新同学发言。

黄志新：大家好！我是湘南学院的黄志新。其实我大一的时候就跟着各位老师去过阳山写生，那时候没有带着问题去考察，只关注画些速写、色彩之类的，这次是跟着各位老师和各位同学参加实验教学去考察，经过这两天的考察，我简单总结一下：思考重点是我们这个时代怎样寻求湘南古民居的应用，我感觉可以分为几个类型：

第一点是保存比较完好的，阳山古村的选址、排水等都是很科学的，虽然现在这个古村年轻人都很少见到了，大部分是老人和小孩，但是它很有存在的意义。研究它必须像范教授那样地认真研究、认真考察这些村落，湘南不只是这一个民居。

第二点，我感觉就是像小埠那样的开发性建设，是这种湘南民居发展的方向吗？新建筑运用了湘南民居的元素，以及空间布局，虽然里面的布局和传统的不一样，但是它的空间布局更舒适些，可能传统宗族布局更方便吧。

第三点，就是爱莲湖畔的民俗街，用现在的材料和工艺，建设当代湘南民居的元素值得思考。它像工业建筑、科技建筑，材料选择单一，政治经济混合，文化不一，这个时代必须建固有文化的新建筑，必须是属于这个时代的建筑，不能一味地造仿古建筑。

这三个点可能是我研究湘南民居的方向。还有最后一个村，村的中心都是古村，外围建了很多四方盒子的现代居住建筑，我感觉这个方向不是我们湘南民居发展的未来。

范迎春教授：下面请过晓茜同学发言。

过晓茜：大家好！我是中央美术学院的学生过晓茜。实验教学截至今天参观已有两天了，我现在对湘南民居只是印象，所以我觉得可能没有时间再过来逐步深入地进行调研了。我对湘南古民居的想法几乎是片段的、点式的，所以我觉得同学们以后肯定有特别多的机会把这个印象画成一个特别细致的蓝图。因为有很多建筑其实是需要我们认真地去看的，不仅仅是我们要知道它的文化价值和特别之处，还要知道古民居在建筑文化上是怎么样的历史地位。这次调研讲文化还是收获比较大的，同时也是比较空的。我觉得我们能够看见古民居的文化内涵，亲身经历也是通过进入实物空间感受到的。那么到底怎么才能把古建筑文化内涵保存下来，我觉得还是得务实地去探索。设计师，包括我们年轻的设计师需要有一定的责任，一方面是需要有一个正确的引导，人知道怎么对古建筑进行有效的保护。

今天看的最好的地方是阳山。它是一个非常自然的古村落，具有让人容易了解的建筑历史。我们都是从城里过来的学生，看见古建筑都会觉得新奇，觉得特别好，是古老的文物，而且愿意去发现其中的美。看到那些被过度开发的农村建筑都觉得没有意思。我既然住在城里，何必要来这种不伦不类的地方看建筑呢？所以对部分学生要做正确的思维上的引导，还要充满务实的干劲。在新农村建设上我们大家都会投入一定的精力，也都会觉得有种迷路感，但我们大家还是可以坚持探索。古民居有很多亮点，比如说进村的人可以根据排水系统去找要去的地方，这就是古代的导航系统。我觉得建筑依山而建形成它特有的丰富的高差变化，这与丰富而科学的排水系统的有所不同，村子中转街过巷又是那么的复杂多变，我就是每走一步，都是一个景观，风景真的是特别不一样。通过街道宽窄尺度的变化看建筑，这样的景观都是需要我们去研究、去细化的。

通过数据化、模数化的模拟表现把这些古民居建筑体现出来，这是一个很细致的、完整的、严谨的技术措施。通过平面图、立面图、建模型等手段，人们一看就知道这里面既丰富又有变化。村子入口处虽然有平面图和一些标识导引，但是我们也必须要请导游，目的是方便理解，很快地知道古建筑的一些历史，我觉得这些优势大家以后都能够去体验，去设计出更好的新时代的建筑风格，我觉得本次实验教学应该用设计的语言将它的美表达出来，而不是文章。

范迎春教授：下面请姜航老师发言。

姜航：大家好！我接着这个同学的话说吧。我现在正好在做这个课题——湘南古民居的数字化信息传达。结合实验教学谈湘南古民居印象，其实在讨论之前许多文化是一个杂家的文化背景。因为湘南民居主要指的是郴州、永兴和衡阳的南部，这些地方受到客家文化、闽南文化、徽州文化、中原文化的影响。湘南文化实际上属于中原文化和闽南文化的一个缓冲带。在这个范围保护上面存在几个问题：

第一，大量劳动力的流逝，很多年轻人出去打工了，很多房子空置。我们这几天去考察的这三个湘南民居点，实际是政府和开发商相对投入的较多的样板。很多地方我们是没有看到的，比如嘉禾这个地方基本上就已经荒废了，主要是因为房子没有人住，很快就会老化坍塌。

第二，传统工艺。现在人们的居住环境和居住习惯以及生活观念都在改变，大家喜欢用标准的现代材料、快速的现代工艺来修建民居，传统工艺自然会流失，因为无法掌握传统工艺，古旧民居又没有人去维护、修缮，能否传承古建筑文明这也是一个问题。

第三，相关的保护法律。2012 年 2 月，湖南省出台了《古民居保护条例》。以前是没有的，在这一点上，政府也没有一个统一的详细规范。我们大家可以看到目前的古建筑产生的经济价值并不高，所以地方政府并不愿意投入大量的资金去保护它，这也是导致古民居损失比较大的原因。从保护的角度去看，古民居的价值和应用是物质文化遗产，它的一些基础信息是可以保留下来的。我在做数字化研究的时候，发现国内外的技术是可以借鉴的。比如敦煌、秦始皇古陵都建立了数字化博物馆，人们共享这些信息、建立网站方式的数字化博物馆。这么做的好处是把文化信息采集出来，再把它传承下去，这样会更有现实意义。我在做这个课题的时候，遇到最大的问题就是信息量特别大，包括测绘、建模、文字缩写、包括工艺动画演示，需要一个长期的工作时间，也需要更多的人来参与。在这方面由范迎春教授深入地补充一下。

范迎春教授：这个课题研究开始于 2003 年，早期的课题是省教育厅的重点课题，是唐教授申报的课题，美术系教师一块儿把它做了，成果是出了一本书，今天来的人都送一本《湘南民居研究》。唐教授开了这个头之后，我们每个老师根据自己的研究方向，都负责一些分章节的工作，自己去追，去寻找，自己找思考和研究的方法。刚才发言的老师都参与了。我主要是做宗祠这部分，作为一个公用建筑来进行研究。2009 年又申请立项成为教育部课题，本来今年要结题，但还没有弄好，时间太紧。现在张光俊副教授副主任担任省教育厅的课题也是研究湘南古民居通风采光这部分。刚才姜航副主任说了，数字化研究这部分是基础研究，想做得稍微深入完整一点，能够给后人留下一点东西。那么黄志凯老师研究的是道路系统，也是一个省级的课题。我们学校还有大量的文章都是关于这方面的课题。大家做的都是些基础性的工作，是应用性的研究，包括保护和维修方面，这些也都是有人在做，但是毕竟存在很多实际困难，受到政府的政策法规的客观因素、客观条件等各个方面影响也很大，关于这一点我们也在向上级单位申请。

范迎春教授：下面请吴忠光老师发言。

吴忠光：我是湖南第一师范学院的吴忠光。通过这次实验教学我看了湘南民居建筑是非常有感触的，特别是大家谈到保护的话题，更加有一定的想法：

第一，保护一般是由政府来保护，刚才大家都说了这是有限的，现象非常有意思，特别是政府保护起来的古民居没有人去住，同时也是没有价值的，所以也是无法继续保护的。古建筑保护看来还是要靠居民自己来完成。

第二，旅游开发的保护方法。我们发现，昨天去参观大概一个上午就结束了。那么村里面留不留得住人，这是一个实际问题，本地人都留不住，还留得住旅游者吗？这样的环境能留得住才怪呢。因此对于古建筑的兴建我们可以像王铁教授提出来的，使用较好的原材料兴建古风民居，然后拆了重建。设计民居时可能从结构上改变传统构造，找出设计语言外观上的一些代表性符号，并可以把它保留下来。在另一些建筑上面，除了外观结构上可以设计得更适宜人居住外，重要的是吸引外地游客来村里面居住、游玩。

第三，旅游业首先要留得住人，必须要找出文化的元素来。我们知道湘南民居里面有一些好的文化，文化是最能够吸引人的武器。比如说一部好的文学作品、一幅好画，它就会吸引很多游客过来参观。比如说张家界就是因为有吴冠中的一张画，吸引了很多的游客过来，成功了。所以，我们在湘南民居上面能不能挖掘一些有特色的东西？我调查研究之后发现这些民居的确是非常适合绘画和写生的，能不能作为写生基地去开发是可以考虑的。作为写生基地，要考虑交通、要考虑古建筑维修，还要考虑接待等问题。

第四，如果说做些结构性的改变，大量外出务工的村民可能就会回来了。我们使用本地的村民手工艺人来重建村庄，这样可以把本地的手工艺传承下来，这样也使村民在本土挣钱、生活。

范迎春教授：下面请李晓琳发言。

李晓琳：大家好！从我的专业角度出发，我觉得湘南民居建筑挺震撼，当走到有古代气息、保存的较好的民建当中时，会觉得它本身的精神和面貌特别打动人。通过两天的实验教学考察，我发现了许多有意思的东西。我比较感兴趣、比较关注的是一些有文化代表性的东西：图案、符号等。注意到有很多人为毁坏的地方，同时可以看到窗棂、瓦当、门当都有特别精致的地方。在板梁古村的时候就发现，有些门当就特别精致，这些门当是雕刻好贴上去的，很美；但是到了阳山古村发现是整块的复制。阳山村老百姓居住的区域经济条件不太好，所以在这种历史情况下，我们看到门当雕刻花纹就特别的少，只有几户人家有。板梁古村大户多，因此几乎家家户户都有门当。因此我发现，在板梁门当的工艺基本是产业化的生产模式，用一块单独材料做好之后每家每户进行拼贴。

走到这些村子的环境当中去，你会发现整个建筑环境氛围特别好，因为它有很多的细节存在，包括一些精致的图案。比如说蝙蝠、寿桃、葫芦，代表福禄寿、多福多子等寓意。我们进入村民家中和当地人去聊天，发现民风淳朴，与他们很开心地交流。一户大户人家告诉我们他的房子是祖上传承下来的房子，并热情地告诉我们房子花纹等细节是什么含义，但是建筑居住的人基本都是老人和孩子。当我们问及这里年轻人是否知道花纹、图案含义的时候，都回答不知道。我注意到门当是具有风水的，大部分图形是八卦，最多的是“乾”和“坤”这两个符号，大部分房子兴建都是遵守背山面水的风水格局。板梁古村的朝向其实特别乱，采光特别差，根据范教授讲的这样的建筑朝向其实和村民的生辰八字直接相关，迎合了当时村民“升官发财”的心理。

有一户老人告诉我们，他们有四个儿子，有两个儿子进城打工了，另外两个在家务农。四个孩子都不愿意住在老房子里面，因为老房已经不适合他们了。老年人愿意居住在祖屋中是因为他们对老房有情感，而年轻人都愿意过更新的生活，我们观察到老房里面生活条件很差。

范迎春教授：下面请王晓晨同学发言。

王晓晨：大家好，我是中央美术学院的王晓晨。我对整个村落的印象是布局比较好，因为每走一段路都会有不一样的景色。在很窄的街道之间都会有交叉口，每个节点的风景都不一样；而且从房屋和房屋之间的空隙看过去风景也不一样。我觉得这些东西都是些好的人文元素。在大户人家的院落中有很多借景，从一户的天井可以看见另一户的马头墙，或者院子里会看见别人家的房顶，这都是些非常美好的东西，我觉得如果能够改善古建筑的基础设施，这些村落是不是就能够保存下来呢?

范迎春教授：下面请李晓琳发言。

李晓琳：我补充一点，文化如果体现在精神里面，才能够保存下来。那么就算年轻人，离开了故土，他能带着这种精神，这种文化就能够延续下来。文化出现断层才是真正可怕的东西。

范迎春教授：下面请李冰发言。

李冰：大家好，我湘南学院的李冰。看了阳山、小埠两个古村，像这样的古村已经不多了。保存湘南古村是为了能够感受到当地的风土人情，民风淳朴，风景优美。我们可以看到很多关于建筑上的风水理念，比如说房屋朝向，屋内的陈设等。村落对地理位置的要求是比较高的，讲究依山傍水，有的古村落保护比较好，有的已经渗透进了很多现代元素，可能我们看起来是比较不协调的，但是居住者认为很方便，也许这就是当下的宜居。村子结合现代人的生活方式，古建筑也必然会对新的、旧的元素产生影响。小埠维修建筑外墙的砖缝是画出来的，不符合古建筑原来的工艺要求，面对现实我们尽量在保护原有建筑的同时，避免为了旅游开发的目而破坏原来的建筑环境。

范迎春教授：下面请罗亮发言。

罗亮：我不是学建筑专业的，我就谈谈肤浅的印象吧。这两天实验教学和大家一起考察了古村落，我感觉湘南民居整体的风格特征很明显，都是青砖、青瓦、青石板。马头墙都是翘起，富有动感。然后都是依山傍水与周围的环境相协调。我发现我们考察的两个古村落，虽然都是湘南民居的典型风格，但是它们也存在细微的差别。比如板梁古村的建筑体量相对比较大，可能是当地比较富有，一般都是二进式的建筑，也有一些三进式的建筑，而且家里一般都有小天井，天井下面的地面都设有水池，材料都是石板。石板上面有精美的雕刻，并且一般都有鱼的纹样，表达着先人们美好的心愿“鲤鱼跳龙门”，渴望通过学习、努力，改变自身命运。但是阳山古村的建筑基本都是单体建筑，一般都是二进式的，很少看到三进式的。

另外，在墙体砖上面也有很小的差异，就是板梁的青砖都比较规整，大小都差不多，有讲究，缝隙也很小。阳山的砖，砌得比较随意，而且砖有大有小，砖的砌筑方式也不同。总体来说，板梁砌得比较规整，装饰更加精美，阳山相对比较粗糙些。

范迎春教授：下面请刘英发言。

刘英：我的最大感触是挺心酸。村落里面的人都比较少，在这样的情况下，时间一长就成了空心村。如果没有人住，这些古村落就会慢慢地荒废掉，房屋也会倒塌。其实我们非常渴望享有商业开发的结果，比如说对传统的手工做法、传统的食品、传统的民俗的开发等，如果能恢复古村落正常的衣食住行，应该会让我们有机会多停留，甚至在这里面住上一夜，或者住上一段时间。这样能够促进当地经济的发展。

要求艺术家和当地的村民、志愿者来共同开发当地的文化遗产，把它利用起来，重新恢复振作这个村落，我觉得这些大胆的计划会是我们学习和探索、尝试振兴古民居的方法。

范迎春教授：下面请王铁教授总结一下。

王铁教授：我再多说几句吧，这次的四校实验教学课题——湘南民居印象的调研成果就是实地感受。课题的三个村基本上大家都走了一遍。我们看到这个历史文化，都有共同的认识，有时我们自己也很矛盾，到底研究什么呢？这个是最重要的问题，作为教师能不能回答？实际上很多人在研究问题时总是希望有个句号，我自己倒不认为是这样，也可能研究成果得出来的结论是问号或者是感叹号。

大家这几天把目光都投在了建筑上，没有注意看房子里面居住的人，当然也有人是连房子带人都看了，其结果是有人心酸，有人憧憬。但无论怎么样，一个民族文明的进步是需要阵痛的，是需要付出成本的。而且今天的成本就落在你们在座的一代人肩上。现在我们面临中国继续改革开放，现在前进的道路上中国遇到很多问题，不仅仅是传统居住的问题，乡村的问题，民生问题，还有很多更严重并且需要及时解决的实际问题。如果古民居这个问题是中国当前急需解决的问题，那我们国家要及时制定出一个国策，专人专门去做这些事情，看来现在还不行。目前的现象只是我们在城市变迁的过程中，大量的农民进入城镇，改变了城市原有结构体系的综合反应，解决需要时间。过去计划经济时代城里住着的居民人口必须要有城市户口，是可控制的。而今天，接近五分之二的人没有城市户口，这些人长期在城市里工作，他们已经和城里人结合得非常紧密了。如果他们离开了城市，可能城里的正常生活就会瘫痪。所以，我们意识到在今天，住宅不仅仅是设计师在理想当中画了一个很美好的图画，人是怎么在里面安居乐业的生活，今天的城市人如何让农村的年轻人融入城市，确实解决共享资源等问题。几天来大家也观察到了，即使留在农村的年轻人，他们也不愿意去住传统的祖屋。这里面有很多很多问题，包括我们看到村子里的祠堂，说是做各种活动用的，估计村民们都是勉强进去使用的，因为年久失修，危险度很高，存在很多隐患。

很多有志之士，似乎要把目前的古民居形象、田园风景再现出来，投一笔巨资去开发。实际中国的广大乡村到底需不需要这样去开发？传统的建筑风格该如何继承下去，今天的设计教育和设计理论，需要填补我们对建筑历史的很多再认识，理论不足的板块却是最重要的部分。因为，过去在古建筑维修上我们总希望修旧如旧、修旧如初。在中国这个大地上存在各种建筑历史文化，但是，如果把所有的文化都原封不动的保存，那今天的科学与信息文化就失去作用了，有一天我们中国大地上就会没有一块空地方了，全部都建成房子了。

其实，房子也是有生命的。我记得我说过，建筑是有生有死，地球也是有生有死。但是我们如何去对待成长中的烦恼这要考验我们的智慧。文化不只是视觉上的物质，很多层面确实是在精神之上的。过去这种精神是怎样传承的？一个是靠长辈的口述，一个是靠历史文字的记载，以及靠正确的解读，只有这几个方面。今天，我们生活方式的改变了，信息改变了生活，现实使人们在宗族与建筑居住方式上存在一个根本的改变。让人人都有自主性，人人都能尊重自己，就变成自信心太强了。人类发展到今天，谁也不能阻挡住这个时代，这就是新的文明时代、新的科学秩序。我们如何用更加科学的态度去探索当今这种科技生活，更好地解决我们目前遇到的各种文化的差异和精神上的差异，以及阳光地面对现实，现在国内外在这种大的科技文化环境下理解并承认差异。这个课题对我们所有人来讲，都是很好的、有价值的、值得研究的。

我们也非常清楚，其实这次四校实验教学是探索中建立印象，是为学习中国民居在高等院校设计教育中做了一个非常良好印象的速写。但是这种速写背后到底能解决多少问题？值得吗？对于古建筑来说是恢复过去？完善古代建筑史？我们需要研究建筑历史空间，数字空间。然后拼凑在一起，这样到底能解决什么问题？我们在解决问题过程中耗费了巨大的人力和物力，最后出现的结果大家认可吗？

研究问题就是要找出它的内核，目前所有的问题都是因为文化的快速变化、生活方式的转变造成的，综上所述，也就是说贯穿中国传统文明的精神，在新的时代寻找今天农村与城市大环境下的居住观念，这是个很重要的问题。现在我们承认城乡存在差别，一些住在城市房子里的城里人与传统农村人一样古老，这就是中国的国民素质。现实确实让人们觉得很悲伤，考察发现村子里面的村民屋里没有像样的家用电器，环境挺差的，灶台、地面都不成样子，面对眼前我们如何去更好地引导他们现代化？所以要从根本上解决问题，加快速度与提高质量。

如何在改革和新的文明到来之前解决这些问题，需要的成本，谁去付？所以要激励这些人，让他们努力提高文化建设，建造宜居环境。当然宜居建设首先不是对传统的建筑的无序复制，建筑只有美好的外形和过去的回忆是不够的。外表只能是特殊年代的产物。教师要清醒地认识到什么是研究，什么是教学，湘南民居印象能作为一个研究课题是全体课题人员的荣誉。如何真正做到本质上，为我国现实的高等教育设计教学研究，提供些有价值可参考的案例是本次实验教学的目的。目前我们也只能做到这样，今后得靠几代人去努力完成设计教育的伟大事业。只要心中对设计教育有这种思想、情感、勤奋、探索就能够达到目的。我相信今后课题组同人在学习与工作当中自然会朝这个方向去努力。知识需要积累到了一定程度才会发生改变。

我这个也不叫收尾，我就是听了大家的讲述之后，讲自己的感受和想法，是简单的整理，不够成熟请见谅。接下来在课题当中大家都要找出问题，相信每个人都有个角度，不管是从宜居的角度，还是宜居与传统建筑的角度，我建议别涉及太多的风水问题，尊重自然规律，科学地去面对目前这些问题，从自己的认识角度去看待湘南民居，写一篇自己的感受。这是实验教学湘南民居印象课题活动当中最值得、最宝贵的核心价值。

我相信无论从哪个角度，批判、赞美或者中庸，通过这次大家发言，或多或少对每个人都有启示。

中央美术学院

建筑学院

王铁 中央美术学院建筑学院教授

个人简介：2012年至今担任中央美术学院教授，风景园林学科学术带头人，第五研究室主任；中央美术学院学术委员会委员，建筑学科组副主任；中国艺术研究院艺术设计研究中心特约研究员；中国美术家协会环境艺术委员会委员；中国建筑装饰协会常务理事，设计委员会主任；ICAD中国地区环境艺术设计委员会主任；北京市建筑工程评标专家；特级注册景观设计师；东北师范大学美术学院 兼职教授；天津美术学院客座教授；苏州大学客座教授。

古韵湘南建筑印象

一、优势文化与文明进化

历史文化悠久的中国大地古建筑遗产非常丰富，这对于高等教育设计专业调研实践与教学是一个天然大课堂。调查研究中国古民居是让学生们真实了解传统古民居建筑构成，建立对中国古典建筑兴趣，走向实体空间学习体验的第一步。学习研究不能只是停留在理论上，研究必须要走出去体会自然与人文的关系，调研要有针对地根据特定的历史背景进行有计划的实践。特别是调研古民居更离不开合理的计划，离不开对历史社会经济实情的了解，离不开时代价值观，更不可忽视那个时代特定的文化和经济背景，因此调研是高等教育设计学科不可缺少的重要学习课程。

湖南自古以来美丽的山水让人向往，特色的湘南古民居建筑生长在人间仙境般的自然绿色之中，湘南文化是楚文化的重地，在中国历史文化发展过程中有着独特的价值地位，特别是湖湘文化中的古居住建筑艺术更具特色。在广大的乡村建筑中巧妙应用地势地貌，融于自然环境的山水之间是湖南古民居的特色，丰富了自然与人文关系，更丰富了华夏的建造历史，守望着中华民族的文明，用开放的姿态迎送华夏文明走向世界。湖南是一个多民族集聚地，以土著人、江浙人、客家人和中原人构成，居住建筑风格以江浙民居为基础，有徽派建筑身影和中原文化底蕴，同时也深受客家文化的影响，因

图1（上） 调研掠影
图2（下） 板梁古村古建风貌

此湘南古民居风格体现的是多种文化的融合，表现出人与自然的和谐美，体现的是湖湘人民生活和传统文化的精神，讲求尊重历史，展望的是发现新的美好生活。

研究、保护和继承中国古建筑居住文明，必须要正确判断古建筑的历史和发展史，特别是对现存受益者的采访更为重要，掌握各时期建筑变化特征是鉴别历史民居建筑的重要环节，揭示其历史价值是为建筑历史增加有价值的信息，其中的内涵是建造艺术与技术的科学价值。作为教师现场考察感受自然山水环境与人文建筑艺术是身教口授的基础，当然研究古民居建筑也可根据已有史料展开多角度对比式研究，深入地研究和现场调研是不可缺少的重要环节。对古民居产生印象对于学生来说是第一步，由表及里的深入探讨是隐性研究的开始，调研是显性客观公正的态度，两者缺一不可，否则研究成果则落不到实处。

传统居住方式和信息促进了族人对宗族文化与居住建筑传统方式的认同，今天研究古民居建筑绝对不是要大量复原古人生活过的居住建筑，脱离时空和社会背景去研究古民居是没有价值的。在当前，人类向以科学发展为基础的历史观转变的过程中，保护是为了向前看，无异议的复制古代居住历史，无差别地、无限地延长失去的建筑历史文化，研究成果是学者客观公正而真实态度的证明。今天传统宗族文化观念已不能够约束科学社会背景下的同族现代人，一切都在发生变化是必然的趋势。

昔日传统观念认为经常走动才是亲人，而今天社会环境和生活改变了人们旧有的观念，复杂的社会关系证明，走的最近，不一定就是亲族。为此伴随传统文明的精神，寻找今天农村与城市大环境的融合节点，需要具备对客观现实充满阳光的心理，只有这样才能够面对辉煌的传统文

图3（上） 板梁古村古建风貌
图4（中） 马头墙
图5（下） 板梁古村入口的古桥

明与现实的今天。人居、宜居是当今追求的目标，研究宜居是尊敬人与建筑的文化关系、人与自然环境的关系，保存中华民族在建筑文化与自然环境科学上的尊容关系。

二、物质化信息现状

历史上湖南省湘南地区由于地处山区，交通不便，与外界交流较少，但是古村落之间的交通系统比较畅通发达，多表现在道路与桥梁和沟渠系统建设等方面，以板梁村、阳山村、小埠古城村为例，调研过程中发现它们都具有湖湘文化的古村落特征，在建筑物质化遗产信息的遗存保存及现状上基本完整。进各个村都有一条相对较宽的道路，古时候称为官道，是联系外界的生命通道，一般路宽大约为 2 米，以碎石为主材添加泥土合成铺设。生活条件较好的村落以青石条构筑路面，护坡与排水沟渠都十分讲究。村口大多设有休息小环境或凉亭供路人歇息，同时也是村落之间的界限和迎来送往的风水宝地。以下就湘南古民居现状，根据调研列举三个场景谈谈湘南古民居印象。

1. **古桥印象**：湘南地区古村落大多都是溪水、小河绕村，道路跨河都是架桥而过，桥的样式以梁式建构和拱式结构为普遍形式，材料多以石板材搭接，扶手与石柱结合形成栏板，在稍宽的河上设有桥墩。如永兴县马田镇板梁村村口的石板桥较为典型，桥身分成两跨，每跨桥面由三块宽大石板拼组而成，每块石板长度在 4 米左右，总宽度大约 70 公分，厚度在 300 以上，建构巧妙合理，虽然岁月如歌，看形态、姿色、气质依然是质朴而典型的湘南特有乡土风格的典范，一个字“美”加魅力。

图6（上） 马头墙
图7（中） 村落水池
图8（下） 板梁古村建筑群

2. **古民居外形及特征**：湘南地区民居的特点是建筑依地形而兴建，基本型是四边形，四面墙体构造高大，与乡道对比，气势优雅又透露霸气。一层外墙很少开窗，墙转角处设泰山石护脚，二层以上窗户形态基本上有四边形、六边形、圆形，建筑物是两坡硬山顶，其他三面屋顶都是单面斜向内天井。四周的墙都是高出屋顶，既起到装饰作用又能够作为防火墙。墙头处理巧妙，山墙呈三段阶式至五段阶梯式迭落有序，浪漫的马头墙端庄朴素向上，富有变化更丰富了建筑天际线。外墙面为清水墙，灰砖砌筑白灰勾缝，均衡和谐的深色门窗镶在不同形态的光影洞中，在接近墙顶端处抹灰粉刷白以灰瓦收顶，凸显色调魅力之中材料的合理搭配与建筑形态的娇姿素雅，仿佛郁郁青山衬托出白色、灰色有韵律的墙体，形成在大自然环境中人类建造艺术与自然和谐的交响乐章。

3. **古民居给排水系统**：湖南省湘南地区由于地处山区雨水量大而易爆发山洪，古时平原也多有水患，这里的人们十分重视排水、引水，所以建村选址上一定要有龙山为靠，古民居则借势，依山傍水而筑。龙山储水量大，山下易挖水井。因此，自古以来在这片肥沃土地上，先祖智慧地利用了天然降雨充沛、森林丰盛，用辛勤的劳作建设美好的家园。一般水井旁设两三个水池分为大、小池和处理池，小池为饮用水，大池是洗菜刷碗之用，处理池把用过的水清理后再排到农田中，井边池边使用青石砌筑而成，水池的使用有严格的规定，村民都非常严格地遵守规矩，村民生活用水取水主要靠肩扛。

总之，湘南民居带有浓郁的地方历史文化特征，民俗信息更是物质文化遗产的典范，但是有大量的古民居遗存得不到有序的保护，这里的古民居建筑已成为“植物人”，祖先只能眼看着它死去，老屋残墙破败几乎无人修，年轻人建新房多在村外围，更严重的现状是村民们对于他们的文化遗产没有保护意识。

三、只看房子没注意屋子中的人

对古建筑进行研究不是为了无限地延长其建筑生

图9　王铁教授油画写生

命，因为建筑也是有生命的，再伟大的传统建筑也不能成为“植物人”似的建筑而长生不死，建筑需要科学更新这是历史的必然。而研究古民居是为了填补中华文化建筑历史缺少的有价值部分，是为今天建设更宜居的新农村环境寻找答案，为此只注重对古民居研究是不够的，更应该把注意力放在屋子里的人，他们的现实生活需要改变。

近些年在农村出现一种返乡开发商，他们只要房子、要票子，从来没注意屋子中的人需要什么，这类现行的家乡开发商由于是走出去的大学生，回乡则是以“新乡绅士”的身份，他们以建设家乡为名，打着报效父老乡亲的旗号向政府要地。因为是投资欠发达地区，其手法多采用低价买地，低成本建设，疯狂进行商品化经营，强迫收入低的农村人群超前享受城市富人生活方式，其结果是现实经济条件下村民享受不起这样的新农村民居样品，“新乡绅士”的好意结果是强加给他的家乡村民以半农村、半城市的新农村生活方式。“新乡绅士”名品也出现新问题，因为建造的户型是城市人群喜欢的，建筑外形则是领导层、城市人群、农村民众都认可的。问题是城市人群买到房子只是度假，假期一过完全空置，村民在这块土地上依然还是最底层的。本次调研发现了一些问题，所以提出来引起研究加以重视。

1. **永兴马田板梁村**：整体村庄形态依在，巧妙利用地貌是其特征，就其现状可以想象出昔日的辉煌。虽然古老的村庄在发展中添建了一些不同时期的建筑，看上去不协调，如果深入分析其内核就会得出结论，房子中的居住者更换了几代人，各种复杂的原因和他们的社会经济条件，促使古民居的后代为了丰富自己的居住环境而不断地努力。前人更多地注重传统礼教宗族，而忽视了后代的宜居；后代则把方便使用和经济条件摆在了第一位，在祖先留下的土地上建起最能反映自身实力的家园。两者的差异反映出传统文化在居住建筑上的断档，当然有客观的现实原因存在。研究宜居建筑要把重点要放在特定人群的实情上，因为他们热爱自己的故土，知道自己需要什么样的建筑居住空间，相信他们的智慧判断会改善自己的生活家园。在发展过程中或许传统礼教已不能限制他们，今天的永兴马田板梁村，其现实也许是发展过程中的必然阶段，评价古人不能用跨越时空的现代人价值观念去比对，也许客观公正的评价会让现实生活中的人更容易接受一些。

2. **桂阳阳山村**：前几年为了响应大力发展旅游商业的号召，勤劳的村民按祖业规制复兴昔日的村庄，据当地人讲受益了几年，自前年起来古阳山村旅游的人数开始减少，今年来旅游的人更是少之又少。待把整个古阳山村看完之后发现了“罪之源”，那就是缺少商业业态计划。虽然村民倾力打造复兴昔日的古村庄风貌，其结果还是昔日的、封闭的、自我陶醉的祖业，停留在自我欣赏境界之中的宗族式生活状态，自以为家乡美。更新后整个村子缺少商业环境的氛围是失败的原因，游客从进入村口开始参观，古村中没有能够留住游人趣味的特色店铺、文化礼品，游人只好顺着村中的小路不停走完整个村落，出村后情不自禁地再看上一眼秀美景象，可不知道接下来要做什么，是要赶路，还是要继续看下一个风景？成了一个留不住人的地方。

3. **小埠古城村**：仿佛不是当下农村的居住建筑，而是城市人按自己的生活要求强建的、强加给新农村的生活模式，充分体现新时代富甲乡绅和开发商们的想法，完成了对家乡超现实的开发。建筑风格既说不上古朴，也说不上是时尚，给人一种难以定位的尴尬。综合印象感言得出，家乡美与才艺大比拼是一个怎样的辩证关系，值得深思。在今天寻找真实的中国当下新农村居住建筑确实成为了研究课题，看来只有真实的态度才是研究新农村居住建筑的科学价值。

2012年10月15日于北京方恒国际中心701工作室

图10　王铁教授现场速写

图11　王铁教授实地写生

刘星雄

中央美术学院建筑学院2012年访问学者　江西师范大学美术学院副教授　导师：王铁教授

个人简介：1961年生于江西，1983年毕业于无锡轻工学院（现江南大学），2002年就职于江西师范大学环境艺术系，2006年于江西师范大学获硕士学位。

个人陈述：故宫的建造有本传统“样式雷”的范本，所以才得以见到历史古建的延续。今天我们身为学者，更应努力传承华夏几千年来的建筑文明，就该认真地研究中华古建的精髓，去发扬光大祖国的建筑事业。

艺术是把剪刀，是将传统与现代、有形与无形、抽象与具象，通过人文的传承，呈现于我们的视觉与听觉中。在建筑，环艺设计领域里，应具有深厚的功底，敏捷的思维，加之锲而不舍的求索精神，定能造就一番事业。

“穷”——古民居风格的遗迹

“因为穷呀！才有这么多老房子”，有位“摩的”师傅这么说。

中国古民居，乃至一切古迹之物质与精神文明，在物欲膨胀白热化的当下，无不被挖掘得淋漓尽致、入木三分。很多以前极平常的小村、街道，甚至一两座老宅突然间成了旅游景点，热闹还闻名遐迩，残旧的古民居却成为了人们寻古访踪的休闲去处。

温饱后终于感叹祖辈的伟大，在赞扬贫瘠山村古民居悠久恬静的同时，多数人对民居中古迹啧啧称奇，尤叹古木雕、石雕的工艺精湛，形而上学地拿来与当今城市快餐式住房建造的粗糙作对比而大加挞伐。说当今的住宅，一是无文化可言，是玻璃幕墙及铝合金的组合；或是一味崇洋，像欧洲的郊区；再是像钢筋混凝土的盒子，不能天人合一等。于是凡是有木雕、石雕，悠久的老民居就都认为是宜居的，因为始建之时有天时地利，那么在古建群中去经营就是人和了。故广西黄姚、安徽西递、云南大理、江西婺源、山西榆茨、浙江周庄、贵州西江等地皆有很多外埠人在当地经营，都是向往借以老民居的旅游人气去积攒自己的财欲梦想。“文革”后的一代，“80后、90后”在久住了钢筋混凝土房子后，终于产生了对古民居天井静悠、空阔的遐想，想探个究竟，自然就催生了众多的古民居生态游、农家乐。

现今古董、古瓷、古画的拍卖，动辄以百万、千万元成交，令人咋舌。收藏炒作就趋之若鹜，而那些有故事性的老木雕门窗、花鸟、猛兽纹样的老抱鼓石、残旧的石狮子、人物石像等，就成为偷盗者变现的猎物，收藏者把玩的珍宝。对于随便就几万元古董的收售，只有在老、较穷的古民居里去搜罗才有一夜暴富的可能，所以古居中旧物地摊、古董寻觅满巷皆是，也是“穷”古民居热点之一。因此假日里古村探奇游就成为了人们饭后的谈资，也成为了古民居建筑风格变迁的演绎，更成为了人们对物欲财富奢望的载体……

抛开一切假想，今来大谈“穷”古民居保护可不是一件随意而为的事。真正居住在老屋时，少有城里人待得习惯，老宅多是昏暗和结满蛛网灰尘的梁柱，采光非常不好。最主要是饮食与如厕极不方便，有经验去过古建的人都知道，不要光惊叹祖辈们造物的匠心，还应关注老宅里的人，已是物是人非。对“穷”古民居环境中脏、破、无序的恣意建房以及现代化设施的落后倍感无奈，再是少有上档次的旅游配套设施，就难做到以古村养古村之利事，当今留在老宅的多为恋旧的老人及孙辈，就是有乡村政府支持而无原住民强劳力保证，维护古建岂不是纸上谈兵。古民居保护不好，难留人气，游人走马观花喧闹一阵后散去，如此发展下去，极大地阻碍了古建筑可持续发展的未来。

“穷”，先民不穷！起码精神文明就不穷，才有炎黄五千年的历史璀璨。拨雾见史，要站在历史的资料点上去分析建筑风格的形成、延续和保护。例如：湘南民居（湖南）、婺源民居（江西）、黟县民居（安徽）都属徽派建筑系列，其建造形式大同小异。都属江南，为鱼米之乡，商埠往来频繁，古时虽运输交通不能像今天，但人们的知识结构所差无几，经商或为官富裕后，受儒家思想左右，叶落归根，衣锦还乡，继而大兴土木光宗耀祖。因各地情形不一，为官大多官宅多，为商大多祖屋大。还有本地气候、地质、风俗等，所以各地古民居风格就不同。比如风火墙，只要在马头状翘角的幅度上去分析就不难看出，湘南翘的曲线较高，婺源的较平缓，黟县的较粗犷。在砖墙的成色与小青瓦黑色的深度上去分析，受地理因素，湘南洞庭为盆地，土质多黄沙，经化学成分渗透后，故砖块烧制多灰白，掺杂橙黄

图1 板梁村速写

色且不匀。而婺源赣鄱为灰泥，所烧砖块呈青灰色且匀。黟县多黄土，墙多敷黄泥。另湘南地区匪患多，最能打仗的就属湘军，容易趾高气扬，马头墙翘得高自然是心态的体现。黟县人多在外经商，留下妻小，为防盗防小人故窗小，且多花型、八仙器物型、叶子型等，寓意耐人寻味。在外打拼要有学识和知书达理，故黟县的古民居中常有励志楹联，屋檐翘角较平和厚实，是富裕中庸低调的心态。而在婺源的徽派民居中，读书人多，有三步一进士，五步一尚书之说，连巷道的墙角都要切去直角三十公分，建屋门要退进一米，这叫礼让三分，将儒家思想发展到了极致，所以屋檐马头墙翘角做工细腻且平缓，属儒学心态，温而不火。

在湖南、江西、安徽地区古建中，江西古建的瓦略深于其他两省。此外，婺源的建筑墙面多粉白。所以每当油菜花开的季节，湛蓝的天空、柠黄色的大面积油菜花海、蓝紫色的青山、嫩绿色硕大的古樟，在这些大自然的色块下，镶嵌着点点白房，一缕乳黄色柴烟袅袅升起，啊！这就是中国最昳丽的古民居乡村。

图2 板梁村速写

综上通过多维度多层面地去解析“穷”古民居就不难发现其博大的一面，才知古民居建筑风格形成的所以然。子曰:“食必常饱，然后求美”。认识到“穷”古民居成为旅游热，是猎奇及一种潜移默化物欲膨胀载体下的思维分析后，提出以下忧思:

图3 阳山村速写

一、难道“穷”古民居、仿古民居风格遗迹有非常大的魅力吗？

不管是风雨飘摇中几百年残存的老民居，还是为搞活地方经济而人为搭建的仿古民居皆有魅力。本文开头连开“摩的”的老农都有所感慨，说地方穷得盖不起新房，要有钱都去城里买新房了，而留下的寡弱老人与年幼子孙守屋，就不再顾及老宅的兴衰而任其风化。经济稍好的，将老宅拆了建起新屋，虽亮堂了，但与周边老青砖黛瓦的祖屋相比格格不入，因砌的是红机砖，安的是白色塑钢窗。人们参观古“穷”民居时，都喋喋不休地数落。殊不知时代已跨世纪，哪还有青砖及像古代那样糯米掺石灰砌墙的，再说现今建筑都现浇，比老宅安全数倍。故人们要有包容心态去看待不同的事物，也因此留下有很多疑问难题给人们研究。但“穷”古民居风格的魅力不仅仅是古老建筑形式的外表，更主要的是它内在的底蕴，继而由本土文化流露出更具悠久的俚俗渊源。

如安徽西递，先民们尚诗书，不难发现祖宗们的用心良苦。一、“万石家风惟孝悌，百年事业在诗书”。家有万担粮，主要是传承“孝悌”家风，要成大业，最根本的就是好好读书。二、“旧书不厌百回读，古砚微凹聚墨多”。书读多了，学识就像砚台磨得深自然装得多而见多识广。三、“快乐每从辛苦得，便宜多自吃亏来”。书家刻意将“辛苦”的“辛”字，多加了一横，寓意多吃一分苦，将多一分收获，又将“吃亏”的“亏”字也多加一点，示意为多吃一点小亏，焉知非福。四、

图4　板梁村速写

“几百年人家无非积善，第一等好事只是读书”。当地导游调侃说:“家子不读书，好似养头猪。三代不读书，就比一窝畜。读书知礼，有礼知善，行善有好报”。这就是古民居的文化魅力，游人参观后就愿住下，去仔细揣摩各家楹联的道理。

又如江西井冈山吉安渼陂村乃典型古村，众多池塘，有 28 眼之多，眼眼相通错落有致排出八卦形，象征 28 星宿守护村落。这里还留有当年拍电影“闪闪红星”的外景地。它融汇了“文武合一、耕读合一、商官合一、红古合一、村街合一”的特殊魅力。这里曾出过十几位妃子，十多位将军。妃子和将军，风马牛不相及，但从另一侧面却告诉我们，渼陂曾有过市井繁荣及革命的沧桑岁月。1930 年 2 月 7 日毛泽东、朱德、彭德怀、曾山等老一辈革命家曾在这里运筹帷幄叱咤风云，党的二七会议就在此召开。村中有棵“夫妻”古樟，年代久远，倒不是它有多久远，而是当年第五次反围剿时，抓到了敌头目张辉赞，将这个罪大恶极的人的首级悬于树干上示众而远近闻名。可以想象那时这里的红军战士来往穿梭，军民和谐是何等景象？！因为可在多处残破墙壁上看到大革命时期留下的朴素标语。

再如贵州凯里西江苗寨，吊脚楼沿两座大山鳞次栉比向上筑建，农村起屋讲风水，起码坐南朝北，而西江不是，起屋要寻面向两座山的空间而建，所以干阑式吊脚木楼就像褐色的一个个木盒子左避右让地排在山坡上。还有，在本不太宽且仄逼的上山房屋间的垒石山道上建有坟墓，很多苗家进门靠墙的屋檐下放有大棺材。另外鼓藏头家的大铜鼓的祭祀用处，再就是叫人眼花缭乱的银戴头饰、挂饰、首饰和即将消失的对情歌“游方”……

随便几则小故事，就增添了无数的趣闻轶事，“穷”古民居遗迹风格中，还有战争的痕迹，“文革”中的标语、古商号、古歌谣、古传说、古风俗遗迹等，一同构筑了华夏古建的整体风格魅力。温饱幸福的人们怎么会不去休闲体验呢？！而这又更是古民居风格演绎的另一热点。

以上分析的古民居确实是物质文明的精神积淀和建筑文明的历史华章。一代代龙的传人才知道自己的居住过往，而仿古建筑只是在经济的大潮下，为迎合某个目的而为，它不是历史，但又是历史。而这些仿古民居就该与时俱进，而不应停留在仿古民居的天井、斗栱、雀替、花牙子、悬鱼上，应大力加强当今高科技文化的建设，在满足人们尚古心态下，做好仿古民居物质文明与精神文明强有力的渗透，才能使仿古民居有生命力，多少代后仿古民居又真正成为了古民居。从而响应党的“十二五”规划，做到可持续发展。

对古民居、仿古民居的经营建议，除渗透物质与精神文明外，最主要的是提高旅游设施水平及人文修养，积极有效发展，才能聚人气，才能以“穷”古民居养古民居。如广西黄姚古镇、云南束河古镇等，都有可圈可点之处，他们将老民居让人们做经营，原住民迁出，镇外设有三星级以上宾馆及众多餐馆和博物馆等休闲设施，做到了参观消遣与旅游生活必需相挂钩，真正让“穷”古民居、仿古民居焕发无穷的风格魅力。

二、难道各省市、各乡村一级政府都要大力保护古民居吗？！

各省市、直辖区以及乡村一级的政府确有必要对一些古建做抢救性保护，因为它有特定的历史含义。一、如江西抚州东华山的明清时期古建船形老屋历经三百多年，整栋建筑为青砖木结构具象地仿船形“黄东溪公祠”，它系洪门反清复明的发源地。据说这位黄公，就是天地会人，古宅的建造者，船屋坐东朝西，造型奇特，规模宏大。中厅左右两侧墙上，有对称的方形外框内圆形窗，形状像船舵，中间八把箭一同指向圆心，表示听从总舵指挥，盼望着兄弟会的巨船早日反清复明。二、江西、福建等地的围屋民居，是战乱年代，中原居民被迫迁徙至此。为防来犯之敌及荒野多兽，整个族群用高大围墙围成圆形、方形等，上开可射击型小窗。这绝对是世界建筑史上凄美的一章。三、湖南凤凰古城中的吊脚楼，依山而建，皆为木质构造。四、山西、陕西等地在天然山体上直接开凿的居住窑洞等。只要有历史及特殊用途的老民居就值得大力保护，它承载着中华建筑史的一段光辉历程，是华夏古建民居中值得永藏的物质财富。但对那些无历史意义的民居，或已残破无太多价值的古屋就该就地拆毁或移至民俗博物馆。在这方面做得好的有“云南民俗博物馆”。

国家三令五申严禁乱拆历史古迹，而有些开发商利欲熏心，巧立名目地将一些古遗推掉兴建商业用房，常被告上法庭。但确有一些原本无太多历史价值的古旧建筑有碍观瞻，而个别当地政府又多一事不如少一事地听之任之。有的一般性民居古建确实是当地政府无财力维护的，就应该让其自生自灭，这是自然建筑宿命，如很多残破老戏台、祠堂、老庙等，就应尽早拆除。著名建筑设计师、中央美术学院王铁教授对于一般性普遍破败的古建精辟地评判道：“残破老建筑就像老年植物人一样已失去了行为能力，一旦离开帮助，就是死亡。没有特殊历史含义的老建筑就该拆除，什么古建都要保护，那一代代人生活下去，要占多少耕地，多少代后将到处都有破房子”。历史就是历史，与人类生老病死一样，过去就无怨地让其逝去，这是唯物主义。“沉舟侧畔千帆过，病树前头万木春”。

对于因“穷”未拆和即将拆的古民居，作为国家与当地政府要审时度势地认真对待。设计师们的文化素质、阅历、年龄、思想、信仰各不相同，对古民居风格的认同也各有千秋，望在以后的仿古建筑、建筑景观设计中，多挖掘历史养分，抽取物质与精神文明精华，有根有据地去设计民族经典建筑风格，以避贻笑大方。

今讨论中华“穷”古民居风格遗迹实乃挂一漏万，华夏古建筑历史的辉煌岂能一篇论文可蔽之。

湘南板梁印象
中央美术学院建筑学院第五工作室
中央美术学院 建筑学院第五工作室 Studio 5
Sketched By Xingxiong.Liu

图5 阳山村速写

杜军

中央美术学院建筑学院第五工作室访问学者　西南交通大学峨眉校区讲师　导师：王铁教授

个人简介：杜军，中央美术学院建筑学院骨干访问学者，西南交通大学峨眉校区讲师，2007年毕业于清华大学美术学院获硕士学位。

个人陈述：建筑、景观、室内三空间相互作用、相互关联，同时是内延与外延的统一，传统民居在建筑、景观、室内方面有其独特的文化内涵与美学特征。设计师与人类的生活息息相关，应该以达到人类与自然的和谐共生为责任。好的建筑既强调功能，同时也是反映民族文化精神的具体体现，更是设计师的设计风格与时代的统一，也是设计师灵魂与人格的统一。

湘南民居的考察与研究——湘南传统建筑风格对现代城市设计的启示

摘要：郴州历史悠久，现存古民居是湘南民居的代表，在发展过程中逐渐形成了独具魅力的建筑风格，具有扎实深厚的文化基础。通过总结湘南传统建筑的研究成果，探讨对现代城市设计的影响和启示，以此来讨论传统文化与现代文化的关系。

关键词：湘南民居，地域特点，民族风格

美丽的郴州，历史悠久，地处湖南最南端。郴州民居是湘南民居的代表并在中国古民居研究中占据着十分重要的地位。湘南民居在发展过程中逐渐形成了独具魅力的建筑风格，具有扎实深厚的文化基础。美国文化哲学家怀特说过："文化是一个连续的统一体，文化发展的每个阶段都产生于更早的文化环境"，"现在的文化决定于过去的文化，而未来的文化仅仅是现在文化潮流的延续"。如何通过实例的考察与研究，将湘南传统民居的文化精神融入现代化城市设计当中，值得我们设计工作者深思。

一、地域性文化特征

地域文化是原创的基础，要发展原创设计，必须对地域性进行深入的研究。湘南泛指湖南南部的郴州市、永州市及衡阳市的南部诸县。

1. 内容上的多样性

从现存的古建筑风格分析，湘南民居集中原文化、湖湘文化、岭南文化及本土文化为一体。不同的文化相互产生了激烈的碰撞，使得湘南民居艺术气息浓厚，文化题材丰富。郴州东南的建筑因为受客家文化、南粤文化影响，风格表现为装饰夸张，色彩丰富，更加注重形式感；西北的建筑以中庸、端庄、方正的大型院落为主。湘南民居整体构图

图1　湘南民居速写（一）

参考文献

[1] 王铁.无界限[M].北京：中国建筑工业出版社，2012.
[2] 唐凤鸣，张成城.湘南民居[M].合肥：安徽美术出版社，2006.
[3] 辛秋水等.传统文化与现代文明相对接——新乡村建设的理论与实践[M].合肥：合肥工业大学出版社，2010.

简单，层次丰富，统一融合。建筑具有自身的规律，内部特点鲜明（图 1）。

2. 鲜明的宗族关系

板梁村、阳山村都是聚族而居，居住成员均为一个父系大家庭的直系血缘后代或一个大姓氏的后代，这是湘南古民居村落的特色，因此造就了独特的湘南古民居，建筑平面整齐、均衡、和谐。古村落的居住模式为当地人所认同，更多的转化为对家族精神的崇拜和赞美。在满足观赏性的同时增加了文化内涵，从而使湘南民居承担起作为宣扬湘南文化精神教材的使命。

3. 秉承传统文化神韵

经过漫长岁月的发展，湘南民居紧密与中国传统文化结合，形成深厚的历史、社会、文化根源。村落大都有着优美的环境，依山傍水，依山就势，整个规划合理，布局明确。各建筑物布局之间相互协调，与自然环境相融合。体现出了中国传统朴素的审美情趣和实用的价值观念。

由此可见，湘南民居具有自己鲜明的地域文化特征。如何学习传统建筑的文化精神，创造具有湘南特点的现代建筑，是值得关注的问题。

二、传统建筑艺术表现形式

为了更好地保护和发展湘南民居，有必要对其文化内涵和美学特征进行深入的研究。

1. 传统元素

湘南传统民居中的传统元素有：马头墙、藻井、披水、石鼓、木雕窗花等，是传统建筑风格的艺术表

图2（左上） 湘南民居速写（二）
图3（右下） 湘南民居速写（三）

现形式。马头墙呈弧形，两端翘起（见图 2），自由浪漫，独具特色；古民居开门、开窗上设披水，比如板梁村的望夫亭（见图 3），立面的披水延续传统，特点依然明显，作用：一是防止雨水，二是丰富立面造型。正立面的披水多为曲线，两头像翅膀一样展开，上面有各式纹样。其建筑的装饰图案题材广泛，内容丰富。随着时间发展，建筑形式和审美情趣的定型逐渐被概括提炼而模式化。一方面丰富了当地人们的日常生活，另一方面也使中国传统的儒家美学思想得以继承和发扬。儒家美学思想注意美与社会生活的关系。在形式与功能上，对我们发展湘南现代城市设计都有许多可以借鉴之处。

2. 建筑布局

独特的地理环境造就了湘南古民居村落依山而居、环水而居。建筑内各住房分工十分明确，建筑之间形成一个有条不紊的整体。既是传统礼制的代表，又解决了通风、采光。村落是村民聚居生存的空间，是生民承载之地。构成村落的基本条件是住宅。建造住宅不仅仅是满足人们生活舒适，生产方便，更体现了人们对精神的追求。

在不发达的农耕社会，人们选择理想居住地的出发点非常单纯。在湘南民居的规划选址中，山与水的关系是选择居所的首要条件，住的离水源近，建筑材料易找，野兽出没较少，阳光充足。原始的图腾折射出古人对美好生活的向往。我们的规划应该继承传统民居的选址初衷。以人的生理和心理的需求为基本出发点。

三、传统建筑与现代生活

中国古民居历史深远，建造过程中受到传统文化的影响，以及过去社会制度的禁锢。通过访谈与考察研究发现影响湘南古民居的发展与保护的因素有：

1. 传统建筑与生活方式

传统建筑与今天人们的生活方式产生了矛盾。考察过程中发现，湘南民居的空心村现象严重。因为古民居都在较为偏僻之地，村中的青壮年外出务工，造成大量村舍无人居住而损坏。而年轻人到了城里工作生活之后，再也不愿意回来。古村落里面居住的只有老人和小孩，造成了留守小孩等一系列问题。

图4　湘南民居速写（四）

2. 古民居布局与规划

湘南古民居建筑选址大部分都在丘陵山区，交通十分不便。建筑布局因为受到封建礼制影响，造成今天使用与发展的困难，新修的建筑与旧建筑重叠，使原本狭窄的道路更加局促（见图 4）。比如建筑与建筑之间只有狭长的街道，建筑室内的门的尺寸偏小，建筑与建筑重叠带来的采光不好等问题。

3. 古民居的发展与保护

当地政府对民居的保护缺乏合理的手段与相关法律。第一，传统工艺流失。人的居住环境、居住习惯和生活观念的改变，导致人们都喜欢用现代材料与工艺来修建住宅。无人对传统工艺进行传承与研究。第二，2012 年 2 月，湖南省才出台了《古民居保护条例》。政府目前还没有统一的规划。

如何发展和利用古村落为我们今天文化生活服务是重要的课题。通过对湘南民居的考察研究，我们应该区分传统文化中的精华与糟粕，抛弃其糟粕，吸收精华来为今天社会主义建设服务。

四、传统与现代的融合

我国正处在经济转型与文化探索的关键时期，探索传统文化与现代文化的衔接点极其重要。有人说过越是民族的越是世界的，我们将传统建筑风格融入现代城市设计当中，进而对现代城市设计实现环境的可持续发展。

1. 湘南民居的传统元素有图案形式，也有空间形式的。

一般是集信仰和审美等方面的文化内涵。利用湘南传统建筑元素的方式很多。如将传统元素抽象成视觉识别符号。这一方面，2012 年获普利兹克奖的王澍做得很成功。这需要建筑师在深度认识传统文化的基础上，针对当代社会文化环境，将传统元素进行分析、提炼。既满足现代人们审美的需求，又体现鲜明的民族文化特色。

2. 继承发扬传统民居建筑特色，丰富现代城市建筑造型。

建筑因为社会的发展，渐渐地融入了现代元素，也更加利用了现代化的高科技手段，但是应该用传统文化来重构当代城市建筑设计，否则真的是城市千篇一律了。湘南传统建筑风格是丰富的，对现代城市设计影响深远。

3. 合理把握建筑的变换与隐喻，深入发掘建筑的地域特色。

对湘南传统建筑风格进行深入研究与分析，拒绝完全抄袭传统民居的建筑模式，在湘南的现代城市设计中体现出其地域特点与民族风格，寻回传统文化精神。现代建筑要延续可持续发展，应继承发扬历史文脉和发展创新民族风格以及地方特点。

结　语

民族的建筑语言是一个国家最具代表性的东西。将传统文化融于现代设计当中，实际上是对设计师理性与感性思维均衡发展的要求，包含着太多、太深的外延与内涵，有许多值得研究和探讨的问题。湘南传统建筑集中国传统文化、建筑艺术、审美情趣等精华于一体，在中国建筑史上有重大价值。湘南传统建筑风格是多元文化的结合，反映出来的应该是日常生活中最朴实的审美观。传统民居的精神和文化应当被继承和发展，也应赋予传统建筑以生气，使其真正安全舒适。

建筑文化是继承、创造、延续，具有强烈的生命力。在现代城市设计中应该借鉴民族的传统文化，吸取外来精华。中国建筑师肩负着重构当代中国建筑文化的使命，从传统建筑的发展过程中，探索出继承及发展创新的思路。湘南传统建筑风格背后的精神层次就是因地制宜的整体思维方式和综合功利的价值观。

李楚智

中央美术学院建筑学院第五工作室硕士研究生　湘南学院艺术设计系教师　导师：王铁教授

个人简介：1982年5月出生于湖南省嘉禾县。2003年考入中央美术学院，就读于建筑学院五年制本科建筑学（景观设计）专业，2008年获工学学士学位。同年应聘到湘南学院艺术设计系担任专业教师至今。2011年考取中央美术学院建筑学院艺术硕士，在第五工作室学习建筑与环境艺术研究专业，导师王铁教授。

个人陈述：寻觅——偶然，不确定地在朦胧之中寻找；追寻——有目的、有目标地在明确方向中寻求。人类在寻觅与追寻两种不同状态的行为之中，创造了辉煌伟大的文明，这是人类探索世界和创造世界的两种途径。人们对自然世界和人类社会的体会和感悟，通过这两种方式物化展现于一个范围或空间里，那么这个范围和空间就是人们感悟生活，体会、体验心灵世界的场所。这个场所也许已经败落，也可能这个场所萌生了新的世界，而这个场所却是我们永远不能忘怀，从祖辈开始就哺育我们成长的家园。

湘南民居建筑混杂多样的发展状况

民居建筑历史悠长，遍及中华大地大江南北。它们集建筑文化、艺术、技术为一体，是中华民族优秀传统文化艺术的一部分。随着市场经济、全球化和城市化的发展，在城市中新生的一代中国年轻人，由于人生经历和生活方式的改变，已对中国传统民居的建造方式和居住形式逐渐陌生，渐渐地只是在老一辈人群中留下深深的记忆……

湘南（湖南南部）包括衡阳、郴州、永州三个地级市。以郴州为中心的民居形式，主要以明清两朝建筑为特色，随着时代的变迁，其发展的方式在全国看来都具有代表性。

一、湘南民居的形成及历史意义

湘南地处湖南南部山区，气候湿热、多雨，日照时间较长，属南方汉民族聚居地区，受南方汉族传统文化、生活习俗、审美观念、人文地理、自然气候等因素的影响，湘南民居的建筑艺术形式具备了南方民居建筑的普遍特点。其主要建筑结构是以木构架为结构主体，木构架砖砌山墙，坡顶瓦面。其平面主要特征为前堂后寝，中轴对称，内部天井规整严谨，总体布局结合地形变化，前低后高，一般坐北朝南，与周围自然环境融为一体，非常自然协调；其外观主要特征为青墙灰瓦，稳重朴实，风火山墙，轻盈灵动，室内外装修装饰丰富多变，但不繁琐华丽（图 1、图 2、图 3）。

地域文化的差异从物质层面上来说，主要反映在传统的民居

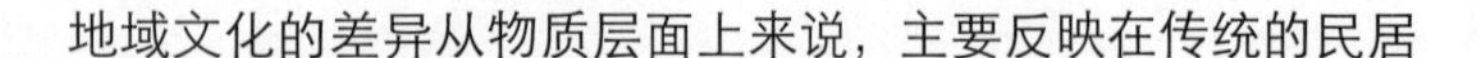

图1（上）　古色古香的湘南明清民居建筑（一）
图2（中）　古色古香的湘南明清民居建筑（二）
图3（下）　古色古香的湘南明清民居建筑（三）

上，主要原因是：民居建筑基本上是就地取材，是由当地或者附近的工匠靠经验以及师傅带徒弟的建筑传承手法，采用相对程式化的工艺和习惯性的技术完成。就地取材主要是原材料的运输条件所限，再则是人的生存必须适应所在地的环境、气候、地理等自然条件，材料及工艺自然要符合地域性的特点。

湘南民居是湘南人民在这块土地上生活的历史缩影，是中国南方民居的组成部分，是湘南地区传统文化的物质载体，它表现了该区域人民的共同心理，携带了丰富的历史信息，反映了湘南地区人与社会环境的互动关系（图 4、图 5）。

二、当下湘南民居的存在现状

1. 博物馆式的旅游基地

随着市场经济的飞速发展，在 21 世纪初，郴州根据地域地区特色，第三产业迅速开发，旅游成为郴州地区的龙头产业。并且郴州凭着其秀美的山川河流、地热温泉等自然资源，以及大片保留完好的人文景观、古民居村落，顺利被评为了国家级优秀旅游城市，成为了粤港澳旅游、休闲、度假的后花园。就在此时湘南民居的几个典型古村落，桂阳的阳山、郴州北湖区的小埠、永兴的板梁、汝城的宗祠群，陆续被保护并开发成旅游基地，成了名副其实的观光民居博物馆。当地政府为了营造出良好的旅游环境和便于管理，以给原住民相应的补贴，或是建一些安置房的方式，把他们从古民居里搬迁出来。这样建筑就成了简单的观光物件，失去了其原有的功能特性，同时也失去了生活的灵魂，俨然没有了旧时的生气，变成了一部不再运转却要不停地去维修的老机器。

图4（上） 依然生活在湘南明清民居建筑中的人们
图5（中） 古新建筑交响曲
图6（下） 调研合影

2. 新型材料与施工技术下的古民居样式

为了配合旅游和市场开发，在一些中心城市和旅游区村落，出现了很多以当地民居风格样式的建筑群。建筑的外形和表皮是全然依照旧有的建筑形式展现，但其建造形式、结构空间、用材用料应用的全是当下市场建造房屋的体系。钢筋混凝土替换掉了砖木结构，表皮粉饰的是涂料或是砖的贴皮，建筑上的装饰也是为了赶工期或是降低成本，工人草草勾画的图案和模板机器制造出来的花饰。远看似有历史风貌的景色，近察全是一种被欺骗的感觉（图 7、图 8）！

3. 全新的一种民居形式

随着科技的发展和生产生活方式的变化，当地居民应用现有市场建材，以及现代施工技术，很快地建造出自家居住的新房屋。新式的民居建筑建造快捷，高大、宽敞、明亮，却失去了地域特色，全国各地一个样。

郴州毗邻广东省，是湖南的南大门。改革开放后，农民们基本都是去广东省打工，所以学回来的都是岭南及东南亚新式独栋建筑，建造出来的房子都像是一栋栋的洋楼别墅。钢筋混凝土结构，瓷砖琉璃瓦贴面，一般的都有三到四层。有很多农民一年四季都在经济发达的城市打工生活，审美取向和学回来的建造方式都是新式的，原有以农耕服务为目的的居住建筑形式已不适用。加上村落中新修了环村的、能便利通往城镇的水泥路，村民们都从古村中央的老房子里搬了出来，住到了沿路边的小洋楼里。所以当今的农村随着市场经济和城镇化的发展，其农民的生产生活和居住方式都有了很大的改变（图 9）。

图7（上） 为了旅游开发而新建的小埠村新古样式建筑群
图8（中） 新型材料与施工技术下的古民居样式——商业开发后的郴州市欲后街新建筑群
图9（下） 全新的一种新民居形式——郴州市嘉禾县楚江村村民新住宅（沿街而建）

4. 逐渐消失的古民居建筑群落

湘南民居在20世纪90年代初，由于郴州地区属于山地地貌，山川河流星罗棋布，交通不是很便利。当市场经济风潮还未袭来时，郴州地区居民还有很多是居住在明清民国时祖上建成的民居建筑里，“朝晨炊烟，鸡鸣狗闹，石巷追逐，青砖图画，夕阳晚炊，马头墙影，夜幕灯火，旷野繁星……”都是我儿时的记忆。

但到如今，由于交通的便利，市场经济的发展，村民们解放思想，选择了现代化生产生活方式。原有老建筑的格局，村落的交通街巷已不能适应现有的生产生活方式。房屋的光线问题，居住空间的大小问题，通水及公共卫生问题，机动车道问题等一系列城市问题反映在了农村中，所以几百年来的以农耕、步行、共同劳作为基础，在物质匮乏和生产力落后条件下建立的民居形式，已不能满足现代居民生活的要求。居民不再居住在老宅里，更不用说去维修维护古民居建筑，也就出现了当今中国南方村落的奇怪现象——“空心村”。经历了几百年风风雨雨的老宅，没有了人的照顾，风吹日晒，再也没有了炊烟的熏烤，没有了爷孙同堂的嬉闹。失去了人气的老建筑群，变得无力支存，瓦漏木朽墙倒……几百年来热闹沸腾的村中心，变成了断壁残垣，杂草丛生的废墟（图 10、图 11）。

三、中国古民居建筑何去何从？

时代变迁，物是人非。旧有的产物很难适用于新时代的生活，但是存留在人们记忆和血液中的传统文化和意识形态是无法被忘却的。建筑是人们生活的载体，古往今来，人们在居住建筑中的行为轨迹里，留下了生活和人生的点点滴滴。没有人居住的建筑，就好像没有魂的人，它必将死亡。这种扎根于华夏民族几千年的民族文化及生活形态，该何去何从，我们不知所措！

建筑材料和施工技术，随着科技的更新，越来越坚固和应用便利。建筑是越建越高，越建越宽大，施工快捷，效率高涨。原有的民居建筑砖木建造技术，既生态又科学，所建造出来的建筑，由于其科学的修复和维护方式，只要一直在使用，它可以存在几百年，甚至上千年。但施工难度大，都是传统的人工手艺，所以施工时间较长，且很难大批

图10（上）　逐渐消失的古民居建筑群落——郴州市嘉禾县楚江村中央倒塌的清代民居建筑
图11（下）　逐渐消失的古民居建筑群落——楚江村古民居建筑倒塌

量生产。所以到了当今社会，国内经济发展的速度不允许人们如此生产，为了拉动国内 GDP 的增长，需要不断地拆建房子，迫使很多传承下来的手艺人不得不更新技术手段，而原有的技艺却逐渐荒废。基于此，我们不得不肯定时代的进步和世界的发展。但从文化和艺术角度却不然，文化和艺术是不可能随着时代的进步和发展而越先进，或是越优秀。古人创造的很多文化和艺术形态，现代人都无法相比。在现代都市里，原有的地域文化、风俗人情、民族特色渐渐地消失。出现的是世界格局的大一统，这也是世界经济一体化的必然结果，各大新型城市的规划和建筑形态惊人相似。人们生活在如此的城市里俨然失去了个性，随着时间的流逝，逐渐会忘记地域的差异性，忘记民族的特性，忘记几千年来祖宗创造的伟大智慧和人类文明。

总之，时代是进步了，人民的生活方式也改变了，但这只是最近几十年的事情，而我们中华民族上下五千年的文明经历了历史和岁月的洗礼，是经得起考验的与自然和谐共处的生活方式。现代科技和经济的发展所造成的一系列生态问题，值得我们深思。旧有的一种生产生活方式，虽然有些原始，也许通过创造和设计，会出现一种新型的使人类在地球上继续幸福生活和生存的模式。所以守住老祖宗的这份遗产，继承和发展好这种适宜于某一地域环境下进行生产生活的民居建筑形式，是我们当代人刻不容缓的使命。

图12 丁磊速写作品

杨晓　中央美术学院建筑学院第五工作室硕士研究生　导师：王铁教授

个人简介：杨晓，女，汉族，1987年出生于辽宁大连。2010年7月毕业于中央美术学院建筑学院，获工学学士学位。2010年至今就读于中央美术学院建筑学院，学习景观设计及其理论，攻读硕士学位。2012年任第四届"四校四导师"环艺专业毕业设计实验教学活动助教，担任其出版书籍《自由翱翔》版式设计一职，收获良多。

个人陈述：随着年龄的增长，越来越意识到交流的重要性，无论是人与人之间的交流，还是人与事物之间的交流，甚至学习本身就是一个多方位、多角度、多层次的交流的过程，接触交流的越紧密、畅顺，学到的感悟和体会越深刻难忘。经过本次湘南之行，越发地坚定了这样的想法，不同学校的老师和学生多维度思维的火花碰撞，谱写一曲曲沁人心脾的"交流"乐章。

湘南印象

湘南，是一个秀美而让人憧憬的地方。

深山中青色的民居，让人久久不能忘怀。

在夏末的绵绵细雨中，我们在望不到尽头的盘山公路上行驶。一眨眼的工夫，便发现有青砖青瓦在郁郁葱葱的大山之中若隐若现，伴着炊烟袅袅，呈现出一种不可抗拒的安详气氛。仿佛时间停滞了下来，又回到了宁静的古代，让人陶醉。我只想让自己与这眼前和谐的美景融为一体，融化于这不朽的时空之中。对于长时间生活在繁华都市中的我来说，这是一种难得的平静和安逸。让人觉得仿佛每一根的毛孔都得到了充分的放松与享受。从内心中瞬间爆发出一种难以名状的舒心和惬意。

进入村庄，站在板梁古民居前，历史的气息扑面而来。犹如倾听着一位历经沧桑的老者用微弱而深厚的声音，向我诉说着那遥远的故事：泛着青光的青砖、青瓦、青石板，斑驳的清水墙，变得暗淡的雕梁画栋和布满伤痕的精美木刻……这一切的历史痕迹，正不断地向我走来，进入我的视线。

我踏着光滑油亮的青石板路，触摸着历经岁月风霜、散发着清泽亮光的抱鼓石和石门槛，仰望着那昂首飞向天际的马头墙，深深地感受到了蕴含在这小小村落中强大的文化力量。此时此刻，在轻柔的细雨中，历史的片段涌入我的脑海，让我远离现代的尘嚣，远离城市的繁杂。我尽情地陶醉在这世外桃源中，忘记了一切。

我喜欢板梁的青砖、青瓦、青石板。它们源自大山，然后被我们的

图1　阳山古村（一）

先人组织起来，又以一种和谐的状态融入了自然。一切都是那么的浑然天成，毫不做作。深山中的板梁，在刚刚建成时，流光溢彩，繁华兴旺，充满生机，散发着朝气和自然的光泽，在被树木包裹的深山中熠熠生辉。随着岁月的流逝，当年孩童一样的村庄经过几百年的风吹雨打，历经沧桑。现在，它以阅历丰富、满腹经纶的老者的身姿屹立于湘南的深山之中。向过往的人们展示着其无尽的故事。村庄虽然在不断的老去，但是它的魅力并没有因此而有丝毫的衰减。反而因为历史的沉淀而更加引人注目，让人迷恋。被雨水冲刷的斑驳的墙面，被炉火熏烤的焦黑的墙身，被行人踩踏的凹凸的路面，无不向人们透露出村庄受到的时间和自然的锤炼。这座深山中的板梁村从骨髓中透出让人敬畏的沉重和深邃，这正是让我着迷的原因。板梁村从古至今都是青色的。刚建成时，是生机勃勃、鲜艳的青色。经过几百年的风霜，是老而弥坚、沉稳的青色。在这里，建筑的色调是历经风霜的，又是充满生机的；是变化多端的，又是统而为一的。青色的板梁民居，与青翠的大山相互交融，相互点缀。尤其是在绵绵细雨之中，炊烟袅袅之时，更是在蒸气、雨气中若隐若现，浑然天成。

与此对应，都市中的现代建筑，为了能赢得大众的眼球，各种光鲜的色彩被大量地运用。在色彩方面很少能考虑与周围环境的关系，因而很多都显得突兀而不自然。城市中的建筑大多给人以生物入侵之感，而非由环境所孕育生长。再者，现代建筑为了追求效益，建造速度迅速，材料以钢筋水泥、玻璃幕墙为主。刚刚建成时光彩照人，光鲜夺目；随着时间的推移，光亮的钢筋慢慢腐朽，耀眼的玻璃渐渐乌黑，整栋建筑变得破败不堪，死气沉沉，然后被社会所遗弃，让人唏嘘不已。

面对青色的、不会老去的湘南民居，让我对色彩在建筑中的应用有了深刻的反思。色彩是建筑重要的组成部分，对建筑设计的成败，对建筑能够以什么样的姿态长时间地存在于人们的视线中，有着深刻的影响。

一、色彩的装饰作用

色彩在建筑中的首要功能就是装饰。形形色色的城市建筑经过色彩的装点，与地面、植物、天空等背景融合在一起，构成了丰富多彩的城市环境。通过色彩的装饰，建筑可以很好地融入周围环境，也可以从周围环境中“跳”出来，充分显示个性。湘南民居在色彩运用的方面选择了低调地与自然相融合。正是因为这种内敛，让无数人为之心动，为之震撼，使其散发出迷人的光辉。

图2　阳山古村（二）

二、色彩的标示作用

色彩在装饰建筑的同时，也在不同的建筑之间和同一建筑的不同组成部分之间起着重要的区分标示作用，增加了建筑的可识别性。湘南民居的青色，是对当地气候的回应。湘南多雨水，选择青色一来是因为材料是就地取材；二来也是对自然中的阴雨天气的呼应。青色的建筑更能与深山中的细雨相融合、相协调。同样的，阴雨的天气也回应了青色的建筑。雨水几百年的冲刷，让湘南民居建筑更加斑驳，更加与当地的气候相辅相成、浑然一体。建筑与自然间的呼应所产生出的湘南民居色彩，标示出了其特殊性，使其独具一格，魅力十足。

三、色彩的情感作用

色彩的情感作用是从人们的心理特点及需要出发，赋予建筑的一种抽象意义。色彩，是一种乡愁。早年的湘南是随着毛泽东诗词谱成的歌曲而传遍大江南北:“九嶷山上白云飞，帝子乘风下翠微。斑竹一支千滴泪，红霞万朵百重衣。”纵横二百余里的九嶷山是湘南的化身，是人们心目中的仙境。这样美丽的山水，谁都会倾心向往。对于湘南民居而言，独特的青色便能唤起人们对于湘南的憧憬，唤醒游子们对于故乡的眷恋。

四、色彩的文化作用

色彩不仅具有本身的特性，还是一种文化信息的传递媒介，它含有人们附加在其上的内涵，在一定程度上代表了城市、国家的文化。色彩表达了宗教、等级、方位等观念。色彩也反映了社会的主流文化。湘南地区喜用稳而单纯、清淡高雅的色调，显然是受了以儒家的理性主义和禅宗哲理作基础的社会思想影响所致。色调淡雅的湘南民居，向人们传递出了强大的人文力量和历史文化信息，让人们为之震撼、为之崇敬。

行走在秀美的板梁，置身于青山绿水，让人觉得无比放松；踩踏着古老的地板，穿行于民居古巷，让人感知历史沧桑。青色的板梁让人感动，青色的板梁让人久久不忘。

郭晓娟

中央美术学院建筑学院第五工作室硕士研究生　导师：王铁教授

个人简介：1987年生于北京，长于北京。现于中央美术学院建筑学院第五工作室就读景观设计与研究专业硕士学位，导师王铁教授。

个人陈述：我的兴趣点在于人与空间之间的关系。在空间设计中，人们总是试图以某种符号或元素来重塑所谓的历史与文化，这是否是真正的尊重历史的手段。人和场所之间的关系来自于人对于空间的认同感与归宿感，这些心理感受来源于人们的生活方式、地域、技术、生态、经济之间的差异。空间设计就是要解决场所与人们物质、心理需求之间的矛盾。归根结底还要回归到价值观和认识论当中。

湘南民居美学特质

摘要：我国疆域辽阔，民族众多，由于各地的地理气候条件的不同，产生了丰富多彩的民居样式和风格。湘南民居地处五岭山脉北麓，属于湖南郴州、零陵地区，自古战乱不断，汉民又多南迁于此地，导致了该地区文化多样性，也就直接影响了民居建筑，形成了现在独特的民居建筑形式。此次通过考察板梁古村、阳山古村以及小埠古村这三个具有代表性的湘南民居古村落，对湘南民居有一个初步的印象，简单论述对县南民居的地域美学以及建筑性格特质的理解与探究。

关键词：湘南民居，建筑形式，地域美学，性格特质，多样性

一、绪论

1. 研究范畴

湘南主要指湖南南部的郴州市、永州市及衡阳市的南部诸县。湘南古民居主要是指明清以来的古民居村落及单体民居和公共建筑。在本文中，主要的研究范畴是以板梁古村、阳山古村以及小埠古村这三个具有代表性的湘南民居古村落为例，研究其建筑单体，建筑群组以及聚落等。

2. 历史溯源

自古以来湘南地区气候恶劣多变，战乱不断，汉民大量南迁至此地，导致湘南地区成为多民族、多地域、多文化的大融合之地。郴州的民居建筑受客家文化和南粤文化的影响，在建筑形制上又有着安徽民居建筑的特色(图1)。同时，和我国其他地区的民居建筑一样，受家族伦理以及传统自然观念的影响。这些历史文化条件对民居建筑的影响是十分深远的。

3. 研究方法

主要研究方法是收集整理有关湘南地区的研究调查文献资料以及图片资料，了解该地区人文历史，以现场考察古村落为主，现场采集照片，走访村落中居住的居民，深入了解建筑的保存及使用现状。

参考文献

[1] 唐凤鸣，张成城.湘南民居研究[M].合肥：安徽美术出版社，2006.
[2] 赵曼丽.地域性建筑美学价值浅析[A].四川建筑，2007，06.

4. 研究目的

通过对板梁古村、阳山古村以及小埠古村这三个古村的现场考察与资料收集整理分析，重点研究其地域美学与建筑性格特质。湘南民居是民居多样性的代表，有着非常独特的建筑形式。希望通过对湘南古村的建筑性格特质研究，在今后的设计上对地域性以及建筑性格理解得更为透彻，并将其精髓运用至今后的设计当中去，取其精髓，去其糟粕，延续我国传统建筑的文化。

二、考察现状

1. 板梁古村现状

对湘南民居的印象首先从板梁古村开始。板梁古村在几个古村中是规模最大，相对保护较好，较为完整的古村落。村子在一定程度上应该是经过规划的，当然，规划的依据和现在不同，不仅仅是考虑到地形、气候、交通等，更重要的是宗族制度的体现。板梁古村的建筑群组主要是由几个公共建筑为节点，再由地势的高低分为三层不同的建筑，高低错落，层次丰富，从远处望去高低错落的马头墙相映成趣（图 2）。建筑的造型也是集多样性于一身，材料主要以青砖黛瓦为主，家家户户都有通风良好的天井。窗棂等木雕也是独具特色的，不同于其他地区。

2. 阳山古村现状

阳山古村入村时给人以“入院”的感受，

图1 阳山古村

村子入口处便有“院门”及“院墙”，村子不大，但很整体。整个村子的交通以青石板引路，明排水系统也是十分明晰，贯穿整个村落。村子的建筑形式相对自由灵活，不拘一格，时常能见到角度不为直角的墙体和不对称的马头墙（图 3）。

3. 小埠古村现状

小埠古村建筑大部分都已翻修过，基本是由村民自由搭建，在现代的结构与新的材料下人们还是采用了一些古建筑的元素和形态，由于外部商业开发过度，古村的感觉已经变得很淡了，好似一位披着古人衣服的现代人。

三、地域美学与建筑形式的联系

建筑是时间和空间的结合，有着明显的地域性，这也使建筑具有了意义，建筑的造型反映着当地人们的美学思想，展现着人们对美的追求，建筑使用者在使用过程中获得美感，得到美的享受。当地的历史渊源促成了现在的湘南古村，这不仅仅是单一的因素造就的，而是由当地多种复杂的历史、自然、人文条件造就的。这种条件影响到建筑的结构、造型、材料、色彩等。除去这些因素之外，影响地域美学的一个重要原因就是社会的组织结构，这也是一种综合因素，反映出地域社会的整体结构和特征，是影响建筑形态的一种基本力量，尤其是对聚落的整体形态，更具有决定性作用。当然经济和技术也是对地域美学产生影响的一个至关重要的因素，在一定程度上起到相当大的作用。在湘南民居中，木雕和砖雕的成分以及精细程度和皖南民居还是无法相比拟的，但造成这种现状的原因又是什么？这恰恰就是经济。徽商在衣锦还乡后首要大事就是将祖宅翻新重建，但湘南地区常年战乱不断，导致经济低迷，所以人们建造房屋就受到了很大程度上的经济制约。

四、人文对民居建筑性格的影响

民居建筑的性格与当地居民性格之间的关系是密不可分的。在湘南民居建筑中，我们看到了自由、大气与精致、内敛的结合。都说湖南人是南方人中的北方人，性格爽朗，不拘小节，而又具备南方人的心思缜密。湘南古民居建筑亦是如此。灰墙黛瓦透露出建筑的中庸内敛，但马头墙和檐角的起翘又如飞天的裙角高高扬起，充分表达了内心张扬的一面。又如湘南民居并不像徽派民居那样一成不变，墨守成规，在建筑色彩材料不变的条件下结构灵活多变，非直角的墙体、不对称的马头墙，都表达了湘南人民力求多变、创新的精神。

五、小结

湘南民居是我国民居建筑中的一块瑰宝，它虽不华丽也并不完美，但是我们研究湘南文化的活化石，是湘南民居古建的重要载体。本文只是简单对于湘南民居的地域美学和建筑性格作了简单的探索，希望能对湘南民居的选择性保护提供可行性的一点依据。

图2（上） 板梁古村
图3（下） 阳山古村

孙鸣飞 中央美术学院建筑学院第五工作室硕士研究生 导师：王铁教授

个人简介：1989年出生于山东济南，成长于山东济南，现生活学习于北京。

个人陈述：我试图寻找造型艺术与空间设计的平衡点，并尝试跨界设计的思考方式，崇尚简约，关注细节，拒绝一切浮躁与空洞的事物。我认为理想的设计应该是场地潜质与设计者自身气质自然流露的结合，赋予场地最适合的东西，以达到一种质朴淡定的"去设计"状态。

聚落精神的延续——后开发时代背景下湘南民居文化初步研究

摘要：现代社会的发展和城市化进程的加快，直接或间接地导致了现代人居住形式的单一化。传统居住模式在现代生活方式下受到巨大冲击，进而导致其聚落精神的延续受到一定程度的影响。本文以湘南古民居聚落作为研究对象，从空间形式与文化的关系的角度出发，对湘南古民居聚落精神延续的可能性进行初步探究。通过对中国现代化造城运动以来文化断层现象的探讨，分析造成湘南古民居聚落现状的深层次原因，并通过对湘南三个主要民居聚落的考察与研究，总结其中的差别与共性，探讨在现代的文化语境下现有古民居聚落精神的存在价值与延续的意义。

关键词：民居聚落，空间形式，文化，精神延续

一、绪论

1. 湘南地区区域概况

湘南民居聚落现主要分布在郴州市，在历史上主要受中原、江浙、客家等文化理念构建的影响，多样性的文化交融形成了古湘南地区独特的地域特色和人文精神。历史上来自各地的移民进入湘南地区定居，而湘南地区地理条件较为闭塞，在这样特殊环境下，人们聚族而居，耕战结合，共同抵御各种天灾与人祸，逐渐形成了强烈的群体意识与聚落认同感。所以在群体防护意识下，同宗族聚居呈现高度集中化的特点，由此形成的由同宗族血缘关系和宗法制度维系下的聚落社会，这是形成湘南民居形式的重要因素，也是聚落的精神在建筑上的体现。

2. 研究范围

此次湘南民居考察重点集中在板梁古村、阳山古村与小埠古村三个具有不同特色和个性的古民居聚落。其中板梁古村是当时一个较大的聚落，到目前出现了空心化的现象，其建筑风格与文化在后开发时代背景之下面临生存与延续的问题；阳山古村作为旅游开发的重点区域，整体建筑保留最完整，但缺乏文化层面上的保护与传承，面临聚落可持续发展的问题；小埠古村则相对较多地利用现代元素对古民居进行修缮与扩建，面临文化语境之间结合的问题。以上三个古村落作为研究范围，基本涵盖了中国现代化以来传统居住形式面临的延续性的问题，具有广泛的代表性。

参考文献
唐凤鸣.湘南民居研究，[M].合肥：安徽美术出版社，2006.

3. 研究意义与目的

湘南地区民居聚落是中国传统民居的重要组成部分，通过了解湘南民居风格形成的原因，探究在现代社会中古民居聚落精神的传承与延续，并通过建筑与文化的关系的研究，提出振兴传统文化的可行性方案。

4. 研究方法

通过对湘南民居进行实地考察，了解该地区整体规划、空间形式、用地状况等因素，采用现场踏勘、走访居民、现场拍照等方式，对湘南民居聚落空间状况与人的生活状况进行研究，获得大量文献资料。

二、湘南民居区域现状分析

1. 湘南民居基本概况

湘南地区气候温和，地势东南高、西北低，地理条件相对闭塞。湘南地区在历史上是移民最早和最多的区域，其中以中原文化影响为主，从中衍生出不同的文化理念共同构建以形成现在湘南民居独特的风格和建构形式。移民为了生存而同姓聚居，逐步演变成以家庭与宗族为单位的社会管理模式。

2. 主要民居聚落风格比较

板梁古村规模较大，村落的整体规划较为完整地体现了风水文化与宗族文化。村落依山而建，民宅沿水分布，青石板路连接全村所有建筑，布局紧凑而且疏密有致。建筑单体多数采用穿斗式木构架，可以根据地形与宅基地的限制自由形成平面和空间体量，所以形成的建筑空间序列是一种自由灵活，并可以不断向外延生长扩展的空间形式，空间层次丰富。建筑材料方面基本是青砖青瓦，原色木材，建筑细部与外立面装饰也较为朴素简洁。由于板梁古村全村人同祖同宗，聚族而居，所以祠堂的修建非常讲究，符合风水的前提下，祠堂建筑华丽且工艺精美，装饰素雅，保留完好。

阳山古村保存相对完好，房屋结构较为紧凑严谨，风格统一。建筑形式在通风、采光、防火、防盗等方面都有较

图1 阳山古村

为深入的考虑。阳山古村也是宗族文化的产物，祠堂在村外沿河的区域，建筑质朴大气。

小埠古村在原有古村落的基础上进行了较大面积的翻修与重建，主要建筑体量较大。建筑形式上以现代的手法表现传统湘南民居文化元素，并且一些内部空间被赋予了新的使用方式，而传统文化元素在小埠古村的建筑中也一定程度上得到了延续与发展。

三者对比而言，板梁古村空间序列相对复杂，居民也相对较多。村内不少建筑已经年久失修，并且居民在原有传统建筑条件下加建扩建现象较为普遍，所以一定程度上影响了板梁古村整体风格的统一性。阳山古村作为旅游规划重点区域，保留最为完整，但深入其中发现村内少有可以吸引人在此停留的兴趣点，空间序列过于狭窄拥挤，而在其中生活的居民其生存状态也不甚理想。小埠古村是当地商人返乡营建，虽然在一定程度上保留了传统建筑的装饰符号，但原有空间序列关系与内部空间形式与尺度均在改造后受到不同程度的破坏，不少建筑仅保留了传统的装饰外壳，而缺少内在文化内涵与聚落的精神传承。

3. 湘南民居人文环境与聚落精神对建筑形式的影响

湘南民居聚落人文特色的形成是农耕文明下群体意识、宗法制度、生产制度等综合产物。在当时特定的时代背景之下，高度集中，平面展开的规划形式是有利于家族与聚落维系成为一体并逐渐扩大发展的。聚落中的居民所处的村落社会生态圈中，彼此相对平等也相互独立，即使有大户人家，在他们的建筑形式上会相对突出，但整体风格与整个古村落协调，他们也通过修路、筑渠等营建公共设施的方式联系整个宗族，以形成一个整体。

图2（上） 古村一景
图3（下） 石雕

这种特有的文化可以称作聚落的精神，通过整个聚落的宏观规划到建筑单体的细部和装饰，都可以看到这种精神的深刻影响。比如湘南古村落基本统一的居住方式和营造模式，与周边环境的和谐关系，以及村落建筑的纵向结构延续式中轴线布局，是湘南文化以及湘南人品格形成的源泉。聚落中最为主要的公共建筑如祠堂、戏台、牌坊，都是满足宗族结构之下维系家族整体这样的精神方面的功能，反映了集体思想的文化在湘南地区的重要。简洁质朴的建筑材料与装饰反映了当时务实的平民习俗，儒道思想与理学思想的盛行，以及中原移民带来的耕读文化的影响。由此可见，湘南民居风格因特定人文环境而衍生出相对于徽州、江浙民居有所不同的聚落精神，即集体的、宗族为中心的文化结构。

三、对湘南民居聚落精神延续性的探讨

1. 现有民居聚落价值分析

现代生活方式变化带来的不仅仅是物质上的革新与兴替，更多的是带给这个古老村落的落寞与困惑。由于村落大部分建筑的形式已经不适合人居住，很多房屋已经相当破败，即使作为旅游开发的需要而保留原有的整体村落，也只是保留了一个外壳，在相当程度上忽视了对在其中生活的人的关注，忽视了对场所精神与文脉的关注。城市文明的生活方式被强加在村落文明之上，带来的是村里的年轻人纷纷外出务工，造成了整个地区古村落不同程度的“空心化”现象。如果古村落缺少了人对这块土地的情感维系，缺少了聚落精神对场所文脉的保护和传承，将会出现文化上的断层，以至于这个聚落无法继续生长，仅靠对场所自身的保护是难以维持村落所带给人们的那种具有深厚文化积淀的特殊韵味的。而商业化的开发这种形式很容易破坏整个村落的人文精神，聚落文化被世俗化的东西取代，失去了场所对人的感染力。但是在现在“后开发”背景下如何保持古村落的文化独立性，如何在规划与反规划的议题中权衡利弊，是作为一个专业人士在古村落保护中所必须思考的问题。在现代社会的生活方式背景下，传统的村落已经不适合人们居住，但是如果居住在这个场所的人不复存在，场所精神，聚落精神也将无法延续。外来者对其施加的“保护”无法体现出本地文化所能传达出来的特有文化语境，这也是众多对古村落改建和加建项目不尽如人意的原因所在。

2. 聚落精神传统文化的延续

在现代大众传媒的与网络的普及之下，数字化信息共享就是一个对古民居聚落文化与精神的系统梳理与传播的方式。同时，传统文化的现代化也值得实践。通过对一种文化符号的归纳和提炼，对精神和物质的重构和演绎，发现蕴藏在细节中的精神性表达，寻找它存在的原因以及其文脉联系和文化语境，这既是对传统聚落精神的继承，也是对中国传统文化发展脉络的梳理，对中华民族传统文化的继承和认同。

图4 瓦

钟丽娟 中央美术学院建筑学院第五工作室同等学力硕士研究生 导师：王铁教授

个人简介：毕业于长沙中南林学院园林设计专业。2011年前工作于湖南长沙，现就读北京中央美院同等学力研究生。

个人陈述：对湖南古民居的考察，印象最深刻的是砖瓦纹饰，唯美至极。深究这些纹饰的寓意及用法的考究。能感觉到当时生活在这里的居民是多么的热爱生活。个人觉得设计与生活是灵与魂的结合。用心去体会生活，用心去做好设计。用，由“心”造。

湘南古民居砖瓦艺术

湖南四水一湖，物华天宝，人文荟萃，是楚文化的发祥地，湖南古民间建筑由于受其地理环境、文化传统的影响，有着不同的样式和风格，而建筑之上的各种砖瓦艺术也会与建筑风格协调一致。建筑的砖瓦是古民间建筑的最重要组成部分，它既有遮风避雨的功能，又有装饰美化的作用，同时也反映了建筑的营造观和审美特征。湘南古民居作为一种具有强烈地域文化特征的民间建筑，其建筑砖瓦艺术也丰富多彩，砖瓦就是其中一个重要部分。

一、湘南古民居中的砖瓦烧制特征

砖瓦与陶瓷同根同源。我国是世界砖瓦的发祥地。早在新石器时代的仰韶文化时期，我们的祖先就已懂得了用盘泥法做成木柱泥墙，再经火烧，使之形成坚实一体的“红烧土房”。湘南古民居大多采用青砖青瓦，均采用当地黄土精心制成，风干后放入砖瓦窑内，用松树等烧制而成。

湘南古民居的青砖青瓦在选材、烧制、装饰方面都具有实用功效。第一，选材方面最突出的特点是“就地取材”，湘南土壤多为红壤，红壤具有黏性强、可塑性强的特性，是制作砖瓦的好材料，也就成为湘南古民居砖瓦制作的主要用料。第二，湘南地形多为丘陵与盆地相结合，古时交通为丘陵阻断，就地取材可以节省人力、物力和财力。第三，湘南树木多为松树、杉树等，特别是松树容易成活，生长周期短，为大量烧制砖瓦提供燃料，红壤做成砖瓦风干后放入窑内，用松树等烧制成青砖青瓦。第四，青砖青瓦具有吸水和防水性强的特点，湘南气候春冬多为阴雨天气，青砖青瓦可以吸收少量水分，但不渗透到屋内，起到干燥的作用；夏秋气候干燥，青砖青瓦把吸收的水分释放出来，起到降低温度、调节湿度的作用。第五，青砖青瓦是一种耐用的建筑材料，从保存下来的明清建筑中可以窥见一斑。

在一些次要建筑中也有采用土砖的，土砖不用烧制，使用寿命相对较短，但是土砖可以循环使用，废弃的土砖放回田地，可以改善土质，提高农作物的产量。

二、湘南古民居中的砖瓦艺术特征

任何艺术品都与环境息息相关，湘南的古民居中的砖瓦艺术也是一样。从现存的湘南古民居看多为明清做的砖瓦艺术，与北方的大气磅礴相比，整体风格更有南方的秀气与精致感，在赋予吉祥寓意与幸福祈祷的同时，给人独特的

参考文献
[1]唐凤鸣.湘南民居研究[M].合肥：安徽美术出版社，2006.
[2]范迎春.湘南民居建筑的艺术特征初探[J].美术大观，2007（12）.

朴素和自然感。地形、气候、土壤、经济、审美、工艺水平等因素共同形成了湘南地区砖瓦艺术的特征。

（一）湘南古民居中砖瓦的分类

湘南古民居瓦主要分为：滴水、瓦当、平瓦、筒瓦、装饰瓦。

湘南古民居砖主要分为：铭文砖、墙砖、福禄寿砖、方砖、楼匾额砖、装饰砖。

（二）湘南古民居砖瓦艺术的几个特征

1. 蕴涵寓意

湘南砖瓦艺术多以写实手法去表现，特定的形象和图案都有完整的寓意。砖瓦艺术多以具有象征寓意的文字、动物、花卉进行装饰，以谐音、比喻、象征等手法赋予作品特殊的含义。

谐音即利用读音相同或相近表达某种吉祥的寓意，如：用蝙蝠代表“福”，鸡、羊代表“吉祥”，猴代表“侯”，花瓶与马鞍代表“平安”，鹿代表“禄”。再如：鱼谐音“余”，喜鹊代“喜”，梅谐音“眉”，花生代“生”，可以组成“喜上眉梢”，“早生贵子”等。

比喻是借用文学的修辞手法，主要包括“明喻”、“暗喻”、“借喻”等，在湘南古民居砖瓦艺术中常用这种手法表达对生活的美好祝愿，如：牡丹寓意富贵，芙蓉寓意幸福，石榴、葫芦、葡萄、莲蓬寓意多子，桃、龟、松、鹤寓意长寿，鸳鸯、双飞燕寓意夫妻恩爱，并蒂莲寓意夫妻永结同心，羊、龙、凤寓意吉祥等。

象征即利用事物特有的个性表达吉祥喜庆的寓意，湘南古民居砖瓦艺术中用这种手法表达吉祥喜庆，如：文房四宝笔墨纸砚象征书香门第，琴棋书画象征文人雅士；“榴开百子”、“掰瓜露子”等象征“多子多福”； 忠孝仁义分别用狗、羊、鹿、马来象征，狗不侍二主象征忠，羊羔跪着吃奶象征孝，鹿不食荤腥、性情温顺象征仁，马顺从主人象征义；牡丹花形状丰满富丽，被誉为百花之王，象征富贵；梅、兰、竹、菊、松象征高尚的品格等。

2. 审美功能

湘南古民居砖瓦艺术，除了满足实用和寓意功能外，同时满足审美的需求，自然朴素的审美观在湘南砖瓦艺术中表现得淋漓尽致，摒弃复杂的装饰，力求简洁、生动。无论是花草、动物，还是人物，都以线条描绘轮廓特征，用线肯定有力，高度提炼概括，同时注重装饰效果，如：蝙蝠形的瓦当，用对称的方式简洁描绘出蝙蝠的外形特征，再用简练的线条装饰蝙蝠的身体与翅膀，为屋檐的美感增添色彩。再如画卷装饰砖，多以平面与立体相结合的方式表现，简单勾勒画卷及场景，而主体部分用立体泥塑的手法表现人物或动物，形成空间的韵律与变化，为建筑增添了灵动的色彩。

湘南古民居中的砖瓦艺术是中国传统砖瓦艺术的一部分，是中国文化地域特色的延伸，它凝聚了湘南先辈们的精神与文化内涵，体现出富有地方特色的人文思想与审美情趣，既实现了建筑的实用功能，又起到文化传播与审美熏陶的作用。

沈其扬 中央美术学院建筑学院第五工作室本科生 导师：王铁教授

个人简介：1988年出生于辽宁省丹东市，2008年至今就读于中央美术学院，现为建筑学院第五工作室本科生，导师王铁教授。

个人陈述：生产力的高速进步并不一定意味着设计师可以用一种高屋建瓴的姿态来处理人造事物与原生自然的关系。不同的光线、色彩、温度等自然现象在人的身体与精神中留下了不同的印记，本身的自然属性使人无法脱离甚至超越这些自然事物。美好的、让人愉悦的人造事物应是对于特定的自然现实的理解与回应。“量产时代”下的城市建设往往否定了自然条件的特殊性，通过调研古民居这种诞生于原始的生产力与生产关系的聚落文明，更易于深入研究设计与自然的最佳契合点。

聚落背后的人文情怀

初来湘南的朋友，一定会被湘南古民居独特的建筑风貌所吸引，透过鳞次栉比般分布的民居，精致考究的街巷，种类繁多的装饰纹样，湘文化特有的包容性无一例外地体现出来。湘南民居作为中国传统民居的重要组成部分，保留了其作为古民居的一些基本特征，其中最主要的是聚落形成的自发性与主动性。与欧洲一些古城相比，湘南民居的规划与形成更多地归功于民众的生产意识，是一种由众多人参与其中的自发生产活动，而非规划师个人意志的体现。因此，通过对湘南民居建筑构成要素的调研，可以更深刻地了解湘南古民居背后的人文情怀。

一、空间秩序

一定的建筑特征可以反映出一个地区的历史文脉与人文精神，通过对湘南地区的建筑与聚落的各种元素的调研与分析可以窥见本地区的生产活动，家族繁衍的种种片段，空间秩序作为建筑元素的重要组成部分，对分析湘南古民居的建筑特征具有重要意义。

如果以空间用途作为划分一个聚落地区的空间秩序标准的话，在湘南民居中应存在两种主要的空间秩序，一种为以交通功能为主导的外部空间秩序，普遍分布于村落中的街巷，另一种是以居住或生产活动功能为主导的内部空间秩序，分布于各民居建筑的内部。通过调研发现湘南民居在处理两种空间秩序的关系上做法独特，二者的界限异常模糊。与其他国家相比较，例如在日本，两种空间秩序的界限十分明显，居住区中的街道两侧筑有围墙，围墙内部为住宅空间，一种为交通功能为主导的空间，一种为起居生活功能为主导的空间，两种空间秩序的分界线便是围墙，是一种具象形式的体现，这与日本人自身强烈的个人隐私意识密不可分。而在湘南民居中，首先街道两侧的建筑间距很小，使得街道比较窄，很多民居的主房门直接向主要干道敞开，因此邻里之间可以直接保持一种空间上的亲密联系，而且从街道到房门内部并无明显高差与显著的铺装材料差异，让人感觉到街巷更像是门厅部分的延伸。街巷与门厅，这两种不同的空间秩序类型在湘南民居中的分界很模糊。这种“暧昧”的空间处理手法使得整个村落的空间给人一种亲密感，折射出湘南人民性格特征中极具亲和力的一面。

二、装饰纹样

湘南古民居建筑的一大亮点在于种类繁多的建筑装饰，如窗罩中的精致木刻，梁头与柱基上的石雕，门槛上隐约

参考文献

[1] 唐凤鸣.湘南民居研究，[M].合肥：安徽美术出版社，2006.

[2] 芦原义信.街道的美学，[M].天津：百花文艺出版社，2007.

浮现的浮雕，并且在历经岁月流逝过后更透露出一种历史的沧桑感与厚重感。这些装饰多从民间故事、古代传说、传统绘画如山水花鸟画中取材，使众多的艺术门类与建筑相结合，不难看出湘南人民对于美好事物与幸福生活的追求与向往。例如窗棂中出现了牡丹木雕，而众所周知在中国传统文化中的牡丹为富贵的象征。此外，还有门罩上的莲花雕刻，在一代理学大师周敦颐看来，莲花更是“出淤泥而不染，濯清涟而不妖”这一高洁品质的象征。在一定的社会条件下的生产生活情况，人们的生活与精神状态通过种种建筑纹样表达出来，蕴涵了深厚的文化底蕴与人文情怀，使古民居整体笼罩了一层艺术的光辉。而在各种装饰纹样的背后，也隐含了对于当地的气候特征、取材特点、建筑结构与使用功能的尊重与考虑，比如柱基梁头之所以采用石雕是因为南方湿润的气候不利于木材的防腐。所以，湘南民居独特的建筑装饰并非仅仅停留于文学艺术层面，也包含了一定的建筑文化，是生产与生活紧密结合的产物。

三、水系统

由于古民居所处的湘南地区气候湿润多雨，容易引发洪涝灾害，所以聚落中水系统的布置显得尤为重要。在古民居中，村民的生活用水来自于位于村前与村后的两种水井，井水来自于地下或山中。水井根据不同的使用功能分为三至四个水池，第一池为饮用水，第二池用来洗菜，第三池用来洗衣，最后一池用来洗比较脏的物体。为了保证有充足的用水，村民都具备强烈的节约意识，在没有成文规定与管理的条件下，每个人都严格地遵守这一约定，保持着较高的自觉性，反映出强烈的集体意识。除水井之外，在村落中的街巷一侧可以发现条条水沟，通过地形的高差自然流动到各家各户。这些水沟的主要作用在于提供村民取水上的方便，同时也具备一定的消防功能。通过调研发现水沟中的水无论何时都清澈见底，这一点同样与村民的较高自觉性密不可分。为了保持良好的水质，洗衣洗碗盘都要去下游洗，而且水沟的存在也可以通畅排开水涝，保证了居住安全。同时，这种“共饮一江水”的生活方式结合村民自觉的节约意识使得长期以来村民都会保持一种情愫，并使邻里之间始终保持着亲密和睦的关系。

四、采光

建筑光环境对于建筑的使用具有重要意义。湘南古民居的布局特征使得建筑之间的间距较小，遮阳面积较大，因此如何保证良好的建筑光环境是古民居的重要课题。由于一年四季中阳光处于南方向，所以古民居大多坐北朝南布置，而且为了更好采光，建筑北墙要低于南墙。此外，天井的存在也尤为重要，在常见的南方民居中都可见到天井这一采光方式，湘南民居也不例外，由于建筑间距小，建筑立面难以通过开启大量的窗口来达到采光目的，因此天井便成为了民居中重要的采光部件。位于建筑中轴线上的天井可以引入大量天光，通过一天中光线在不同时间段的变化引入各个房间，这种黯淡平和的光线透过矩形天井到达院落与房间时，整个建筑弥散出一种平静祥和的气氛，使到达建筑内部的光具备了生物化的情感。此外，还有门窗的采光方式，由于坐北朝南的布置，建筑的主门一般开在房屋的南立面，在主门内部还有深邃的明间，其作用在于防止阳光的直射，同时也保证光线可以流入房间。

图1（左） 何氏宗祠内部空间
图2（中） 板梁古村景观
图3（右） 板梁古村巷道

图4 板梁古村民居院落景观

图5　板梁古村民居天井

王晓晨 中央美术学院建筑学院第五工作室本科生 导师：王铁教授

个人简介：1990年出生于山东省淄博市，2008年考入中央美术学院建筑学院，现为第五工作室本科五年级学生。

个人陈述：当我们需要勇气的时候，先要战胜自己的懦弱；需要洒脱的时候，先要战胜自己的执迷；需要勤奋的时候，先要战胜自己的懒惰；需要廉洁的时候，先要战胜自己的贪欲；需要公正的时候，先要战胜自己的偏私。懒惰是人的天性，期求被肯定也是每个人的天性。每个人都对未来充满想象，但是很多人却因懒惰而拒绝改变自己，更对指出自己缺点的人心生排斥。直截了当指出自己真正缺点的人是最值得信赖的人。要进步，就必须正视自己缺点，抑制自己缺点，让自己的缺点发挥的负面影响降到最小。无论是进步还是退步，都是对自己的一种改变。今天是明天的准备。只有今天主动改变，完善自我，超越自我，才有明天的成效。

湖南民居印象

摘要：郴州地区多山地、河流，这些古村落也都就着地势与环境而建。湘南古村落的选址基本都是坐北朝南，南面临河，方便用水；北面靠山，阻挡冷风。这样的安排使得古代的先辈们能在这片土地上过上舒适的生活，方便地生活。

关键词：印象，环境，布局，建筑，居民

传统聚落之第一印象

初次来到湖南郴州，这里的气候潮湿多雨，植物茂盛。从郴州站下车后一直到住宿点，一直都处在郴州市的新开发区。这片新开发区像所有新城一样，有规整的道路、规整的建筑，与规整的景观，总而言之是一座非常标准的新城。而第二、第三天的行程则把我们带入了一个截然不同的境遇之中。

聚落选址与环境

第一站是板梁古镇，小镇需要通过石桥来穿过一条河流才能进入。古镇背面面山，整个村落随山脚地势的起伏而建，村头有半月形荷塘，荷塘往外延伸后是耕地。村里的饮食大多就地取材，蔬菜较少，肉以鸭肉为主，也会有荷塘里的牛蛙。

第二站是小埠村，小埠村地势比较平坦整，没有紧挨山体与河流，整个村子的布置也就相对规整很多，新建的为游客服务的部分另当别论，它与村子呈现出比较脱离的状态，不属于古村的延续。

第三站是阳山古村，是我个人比较喜欢的村落。在数个小时曲折的盘山路后，古镇就在一个转弯后不经意地出现在了我们眼前，如一青涩的古典南方少女，生怕打扰到旁人，面带一丝柔和的微笑在远处轻轻的示意迎接。她就那样平静地在那里，不娇不闹，一身静谧安和的柔美气质，被怀抱在山体之中。加上刚刚下过小雨，山中白霭霭的雾气与郁郁葱葱的树林更是增加了她沉静的气质。村落一侧有大片湖面，可以看得出是长期没有打理过的，行走在延伸于湖面上的弧形碎石路上时，甚至会嗅到湖面泛着一些不愉快的气味，不过这还是挡不住那种与世隔绝的美感带来的冲击。

总结而言，湘南古村落的选址基本都是坐北朝南，南面临河，方便用水；北面靠山，阻挡冷风。这样的安排使得

古代的先辈们能在这片土地上过得舒适的生活，方便地生活。

聚落布局

郴州地区多山地、河流，这些古村落也都就着地势与环境而建。

板梁古村与阳山古村比较相似，都是比较完整的依山而建的村落。随着山脚地势的起伏，建筑单体也随之散布得高低错落，富有节奏韵律。交通穿插于其中，四通八达，一个地点总能从各个方向多种不同的路线到达。同时，在一个地点又可以到达村落的各个角落。排水也顺山势而做，如果在村子中迷了路，可以顺水而下，便能走出村子。

基于以上特点，当在村子里漫步时，可以达到步移景异的效果。尤其在走到两条巷子相交的节点时，左右望去，那些不同的景致总能带来不经意的惊喜；甚至仅仅从两座建筑间的空隙中望去的时候，总能看到意想不到的画面。

湘南民居的单体建筑体量较小，一般的居民住宅都是一进院，只有较大官员的住宅为三进院。一进院入口处都有天井，可采集雨水等，从天井向外望去，会有不同的景致呈现。因为地势的高差与建筑本身的高差，不同人家的天井可看到不同景致，有时看到屋檐，有时看到马头墙。中间设厅堂，两侧为卧室与辅助用房。

建筑装饰

民宅都是一进院，只有宅门顶端一般有雕塑，身份越高者雕塑越精致多样。木窗也多有雕饰，有很大一部分在“文革”时期被毁，只能看到一些痕迹了。

聚落中的居民

现居于这些村落中的人并不多，村落中的生活与其他地区没有区别，只是比较落后，每家都趋同。村落没有适于现代需要的商业模式，交通不便，发展落后，年青一代大多走出了村子谋求新的出路与发展，留守在村落中的原住民的生活状态都不理想。

在板梁古镇时，遇到非常热情的一家招待我们吃当地特产凉薯，这对夫妇有四个孩子，两个在外打工，一个在外教书，只有一个留在家里种田。夫妇两人也都是教师，也许是因为他们可以与外界交流，所以他们的精神状态很不错，热情大方。

而在小埠古镇时，一位村民因为我的手机的充电口和他的不一样而否定我的手机是诺基亚而他自己的是真的（非常老旧的一款）。这些被圈在村里的人得到信息的方式是如此闭塞，与现代的生活是如此的脱节。又如在阳山古城参观结束后在村口休息时，有几个大概三四岁的孩子非常老练地靠在游客的身上，想要用撒娇从旅客那里得到些什么。这些扭曲的行为想法都是由于这里的极度不发达所带来的。

总体来说几个村的村民的生活都是现代方式的，虽然落后，但这些古宅也无法满足这些要求，通风、采光、排水、卫生都很差，没有适宜现代生活用的家具电器等的使用空间。现代材料的衣服晾晒在自己支起的架子上，与村子的古貌并不协调。

结 语

古宅在当初建造时经济是繁荣的，是适于当时生活要求的，生产力的发展才能支持各种人类活动的正常进行。但现在古村的生活方式与生产方式已经不适合现在居民的实际需要，就像马克思讲的新事物总要代替旧事物一样，一旦有符合发展规律的新的生存模式后，这些失去生命力的古老事物就会被取代。

过晓茜

中央美术学院建筑学院第五工作室本科生　导师：王铁教授

个人简介：1989年生于南京，2008年考入中央美术学院建筑学院，现为第五工作室本科五年级学生。

个人陈述：通过短时间的湘南古民居的考察活动，不仅开阔了眼界、增长了知识，更重要的是，让师生积极讨论、畅所欲言，能够真正去深入思考现存的问题，为解决这些问题提出了不同的构想，以此为这里的古建保护找到新的实用的长远有效的可能性。

湘南民居考察——就古民居保护的思考

今年 9 月，伴着入秋的细雨，由王铁教授带领，中央美术学院建筑学院景观专业的同学们，有幸与湖南郴州的湘南学院的师生一同对当地的古民居进行初步的考察。湘南民居的文化价值和专业价值极高，十分值得学者对此进行深入的研究。而由于时间限制，本工作室的同学的考察，仅是一种湘南印象，是处于二维图片与三维建筑之间的印象。即使如此，也对这些民居古建保护的方式方法，有了自己的独立思考。这篇文章就是为了将这些考察中的思考片段融汇起来。

一、概况介绍

湘南古民居，主要指明清以来尚存的古民居村落及单体民居和公共建筑，并分布于以郴州为中心的山区和丘陵地带。正是由于郴州独特的地理条件和人文历史，这些建筑形式独特的古民居也蕴涵了丰富的人文精神，是多样性文化的交融。

郴州这里不仅是中原人、江浙人、客家人文化理念的构建，在建筑风格上，更是受这些客家文化影响深重。郴州东南面的建筑装饰夸张，色彩丰富；西北面的建筑则是以中庸、端庄、方正的院落为主。就天井和照壁，又可看出其单体建筑形式与徽派建筑之间的联系。依山傍水、依山就势的村落布局，高低错落的转街过巷，复杂实用的排水系统及当地特有的装饰，用狭窄的尺度感和路径的立体复杂布局表明其是因地制宜、就地取材，与徽派民居和客家建筑有一定区别，有自身的特殊性和欣赏价值。

规划及建筑上的宏观整体以及纹样装饰上的微观细部，都能体现当地民众的人文思想。当地现有原住民，对古旧建筑的保护和加建，能体会他们的古朴和勤劳。但就使用者、访客和学者等而言，不同身份的人士对这些古民居的需求点不同，湘南民居还需更加深入性地从不同层面加以保护。

二、三类案例

这段时间的考察，有机会匆匆参观了三处典型的村落——板梁村、阳山村及小埠村。十分惋惜，无法长时间停留，只能对比谈谈当时对三个村落不同的感性体验。

在谈区别之前，先总结下其相似的地方。板梁村、阳山村和小埠村，都有着优美环境，因聚族而居，就风水设有合理的平面布局。在注重单体建筑及其周边景观的同时，也建构了用于公众活动的宗族祠堂。就不同单体的尺度和装饰可以立即分辨出曾经屋主的官位或地位。单体建筑的排水系统，连成片后也成为村落立体街巷的指向，穿梭在青石板之间。典型的木雕门窗、青瓦、马头墙，散发着自身的气息，让人走在其间，五官都被调动起来，伴着居民的谈话，仿佛时光倒流。这三个村落，都是现存湘南古民居的典范，都承载着当地的文化。

可是，这三个村落又非常的不同。

板梁村，是一个保留完整、规模较大的古村落。有些建筑由于不能符合当下的生活需要，当地居民在使用时，对一些民居进行了修复和部分加建。这类加建都是实用主义而无审美意识的，用的材料基本是非常现代的，包括一些透明材料，与原有建筑不太和谐。但有趣的，恰恰可以以此看出哪些地方已经满足不了现在的生活，并通过材料就可以看到岁月交错的痕迹，如同一种新与旧的历史性对话。

阳山村，是最为贴近古老原貌的村落。旧建筑修护保存完好，新的建筑则在外围修筑，没有影响原有的规整布局。住宅建筑前面，有用于居民聚会聊天的凉亭，里面设有简单的家具；后面，则有未经开发的绿树葱茏的山体，如同水墨画卷。池塘里，芦苇地、水生植被和悠闲的鸭群都暗示这里良好的自然环境。呼吸清新的空气，置身茂密的青草地，聆听鸡鸣犬吠，别有一番野趣。这里非常适合城里人来此享受田园野趣，但现状是缺乏宣传，所以鲜有外来游客。

小埠村，则比较特殊。听闻是有识之士衣锦还乡，通过极为现代的手法，建设旅游景区，以此保护古村落。据说此地以后还会建设豪华度假村、高尔夫球场等，感觉上，像是把城里的东西塞入了这么个古色古香的地方。说来比较真实的是，游客到此地会有种四不像的感觉。毕竟是希望能远离尘嚣，来古村落沉淀思绪，然而却来到了一个陈设好似城中村的地方，并且一些设施与城里相比又太逊色。可以想象，这位有识之士想发展家乡的想法的出发点非常好，可是实践做法却显得欠长远眼光，不能摸清受众的心理需求。

其实这三个典型的湘南古民居保护的案例，涵盖了国内众多进行文物修缮保护、旅游开发的地区的问题。探讨这些文化需求的讨论已显得冗长而乏味，真正应该着眼于如何解决这些问题。

三、延展思考

湘南古民居的保护问题至关重要且紧急。因为一方面专业分类不清、深入研究落实不够及大家观念保守，所以导致各方面的保护工作做得不够完善，而实际上研究团队已是耗尽心血。

书籍出版是一种比较有效的普及知识的方式。唐凤鸣教授主编的《湘南民居研究》，更是看出师生的不懈努力。书中有大量的文史资料和图片信息，让读者可以笼统掌握湘南古民居的历史沿革，非常有文化价值。然而，不足的是，这类资料无法满足专业学者的需要。很多文字叙述性的话语，无法用照片体现其实质。可能实地测绘工作非常必要，需要将一切感性认识变成理性的数据，通过数据化的过程，理解空间的魅力。由于不同学科的着眼点会很不同，可以分成不同的专业队伍，详细分工，如只考察纹样、只考察居民生活现状等，一切也会事半功倍。并且辅以与平面图、立面图等相结合的对应的分析图和现场照片，这种表达方式，更能将一些专业语言表达清楚。由于其重要的保护价值，非常期待有精密测量并以数据化体现的文本、图纸资料，为专业学者提供深入探讨交流的机会。

还有不少其他的保护方式更新的可能性，但一切都基于精确的测绘工作。单体建筑较多且重复，所以没有必要全部再花钱修复和保存，这是不必要且不环保的保护方式，一味存留不是唯一出路。

虚拟现实就是很好的方法，通过建模的方式，将这些地方场景化，再通过交互设计，制作程序，最后共享在网络。这样，可供更多不同背景的人士参与认知其价值的环节，并且可以是部分收费的。即宣传旅游和粗浅文化背景部分可以免费，而专业性的文史资料及测绘数据分析可以收取费用，一举两得，且不失公众参与性与娱乐性。

设计师也该发现当地在细节上的不足，通过自身的职业责任，完善这些。比如，很突出的问题，就是地图、导览等基础资料在平面设计上的欠缺，如果是更加贴近人文历史、更加艺术化、更加互动性的设计，考虑受众的感受，这些纸质品就是最好的宣传。包括当地的摄影和宣传短片也该寻找专业人士，给出专业指导。再将这些细致入微的信息设计合理宣传，便能吸引更多的人关注这里，发展有审美的文化经济。

另外，考察人员将当地的特殊性融入建筑方案，也是将其精神文化传播的另一途径。虽然不力荐小埠村的改良农村方案，但十分欣赏范教授、唐教授基于湘南古民居研究而设计的郴州当地的住宅区。将设计元素以现代手法表达，很古朴很典雅，也是传承古文化的一种方式。由于古宅必然有使用局限性，那么沿用其精髓的设计就解决了这类落后的问题。让现代人能住在方便的现代住房中，在满足了当今生活需要的情况下，也能潜移默化地提醒他们不忘历史文化。而王铁教授，将当地废弃的古宅木材用于其他地域的项目设计中，也是一种有效传播当地文化、环保利用材料的方式。同学们更可以在自己以后的设计方案中，融入相关设计元素。

另外，古建的保护，与当地文化传承、经济发展息息相关，所以保护人员也必须通过自身的努力，以不同的形式教育当地民众，改变他们的固有观念，引导他们更加合理有效地保护与开发，争取让这些不言语的宝藏得到应有的待遇。这都特别不易，这类文化事业一直都不是一蹴而就的，且进展缓慢，十分需要像湘南学院的师生们一样持续关注。

通过短时间的湘南古民居的考察活动，不仅开阔了眼界、增长了知识，更重要的是，让师生积极讨论、畅所欲言，能够真正去深入思考现存的问题，为解决这些问题提出了不同的构想，以此为这里的古建保护找到新的实用的长远有效的可能性。非常感谢湘南学院师生研究得出的现有的研究资料，让大家在身处其中后，还可以通过书本的力量，继续就此思考。也感谢王铁教授、彭军教授、范教授和唐教授的悉心指导，及热情的湘南学院的同学们，让大家看到新生力量对历史、对古建的兴趣。

李松润 中央美术学院建筑学院第五工作室本科生 导师：王铁教授

个人简介：1988年10月21日出生于辽宁省营口市，2008年考入中央美术学院，第五工作室本科生，导师王铁教授。

个人陈述：我是一个兴趣广泛的人，性格开朗，爱好绘画、书法、模型、读书、登山、军事、历史、摄影、武术、户外、冰雪运动；喜欢广交朋友。

湘南古村落印象

郴州，位于湘南的一座具有两年多年历史的城市，也是湖南省最南部，最接近广东的城市，“郴”字见之于史传，是汉代司马迁所写《史记》，其中记载项羽“乃使使徙义帝长沙郴县”。从此，“郴”字赫然出现在纸上，广为流传。

著名文学家周敦颐写出了脍炙人口的文章《爱莲说》就始笔墨于郴州，在我们后人称赞他的名句“予独爱莲之出淤泥而不染，濯清涟而不妖”的同时，也在品味着郴州具有历史意义的古村落！

一、板梁古村

村里面几乎都是刘姓人家，村民都说他们是汉高祖刘邦的后人，为了躲避战火南迁而来，板梁村始建于宋朝末年到元朝初年，兴盛的时候在明清两朝，历朝历代都有村民做官。古村被群山环抱，植被茂盛，河流泉水众多，周围景色一片江南“烟雨蒙蒙”的感觉。在古语中，“郴”字为篆书“林”与“邑”二字组合，意思为“林中之城”。郴字，独郴州地区所有，意思是林邑之城，而板梁村的自然环境也正是如此。古村落中大大小小的建筑相互交错，加上未被商业开发，所以依然能感到古代的生活景象，我们大家也好比穿梭了时空隧道，眼前的明清时代古建筑和村民的生活方式，加之周边烟雨蒙蒙的自然环境，在我们脑海里面组成了一幅真实版本的“清明上河图”。

建筑与建筑之间由长短宽窄不同的石板路连接而成，据村民说所有的石板都是祖上经商的人从千里迢迢之外的江苏运来的，经过千百年的洗礼，石板也变得十分光滑。建筑的规划与修建也是十分讲究，村前有一个较大的半圆形荷花池塘，名为月塘。古代风水中，与风水对应，内设照壁，外修明塘，取“山旺人丁水旺财”之意；至于为什么要修成半月形状，缘由为“月满则亏，水满则盈”的哲理，以告诫村中后人要永远谦和忍让，永不自满！

村子北侧的小山上修建着一座“望夫楼”，下面有河流也有小石桥，古代村中男人外出经商，只剩下妻子在“小桥流水人家”居住着，所以望夫楼名字的由来也正因如此。远远望去，湘南民居板梁村似乎与安徽黄山的皖南古村落有着几乎一样的外貌，但是很多细节上却是截然不同。例如皖南古村的马头墙的墙头是横平竖直的，而板梁村的湘南建筑马头墙是像水牛角一样，中间低，两边相对高挑；墙面是由粉白色涂料刷成的皖南风格，板梁古村墙体的砖块石块是完全裸露在外面的。村中有很多大户人家，和皖南民居一样，有着天井、影壁以及厅堂等元素，镂空的木雕刻也是五花八门。相对皖南民居不同的是，墙体上的窗户是由木材雕刻而成，而皖南的民居的窗户是由整块石板雕刻凿成。房屋的木结构也是由柱梁穿插而成，不需要一颗钉子，完全依靠榫卯结构，因为湘南地区气候十分潮湿，所以很多房屋木柱的石头柱础非常高，防止木柱头和地面的连接处过早地腐朽。

木结构外面是由不同的马头墙围合而成，当年古代人对于施工的质量要求很高，据房屋的主人说每天每个砌砖的工人最多只能允许砌不超过 30 块砖。就是俗话说“只有慢工才会出细活”，保证时间和细致、认真、严谨和负责任的态度，才能做出最完美的东西。就好比在今天德国的汽车为什么会永远是世界第一，也是有着这样的精神传统和工作状态。因为他们的汽车部位的螺丝钉需要拧多少次都是有数的，是需要计算核对过的。

门窗上每个细节也都有木雕刻，以前门户越大、家产越多、官职越高的人家里的木雕也就越精致，种类也就越多。最具有风水传奇色彩的是板梁古村后面有一个大“石龟”，并不是雕刻，而是天然形成的，龟爬在山上，背对着整个古村，而村里老人长寿者很多，村民讲就是因为有神龟的保佑，才会有风水最好的板梁村，才会有那么多长寿的老人，也有着“平安归（龟）来”的传统意义。在这之后，我们又参观了郴州当地的仿古建筑院落“濂溪书院”，传说周敦颐写《爱莲说》就是在这里，各种各样的景观也是错落有致地排列着。

二、阳山古村

在湘南，古代的传统文化思想主要由三大部分组成，第一是农耕文明，第二是宗法制度，第三是生产制度，这样的文化气息在我们考察的下一个古村落——阳山古村就会明显地感受到这种“封建社会的气息”。首先在阳山古村的村口就是一个巨大的“八卦广场”，上面有着中国传统文化的典型符号——八卦，围绕着阴阳这一圈，我们也看到了古代人以“十二”这个数字为基本；比如我们古代计时法，以两个小时为一个时辰，即十二时辰：子丑寅卯、辰巳午未，申酉戌亥。根据这个我们更能想到中国人最熟悉的十二生肖也是这十二个字，“子丑寅卯辰巳午未申酉戌亥”对应着就是“鼠牛虎兔龙蛇马羊猴鸡狗猪”。在这听村民说起，阳山古村是按照八卦阵修的，目的也是防止外敌入侵。八卦阵的村子我之前去过一次，最大的感觉就是走在里面肯定会找不到进来的路线，被困在里面，完全分不清东南西北，看来诸葛亮发明的必杀技真很厉害。

在村子外面我们也很明显地看到了村子里面的大宗祠——何氏宗祠，墙上面还留有“文革”时期“打倒地主”之类的标语；和板梁古村一样，都有着同样的马头墙、木窗雕、高的石头柱础、榫卯结构。和前面说的湘南传统文化思想一样，古时候这里也是实行“宗族法”的地方，就是一个地区有几个很有影响力、有钱有势、更有文化教养的大家族的老辈和长者（大地主），如果有人干了什么坏事，该受到什么惩罚；或者有了重要事件该如何作决定都是由这些大家族的老辈长者们当着所有人的面开大会决定，这个就是古代社会的“宗族法”。

村中的排水也是和其他古建筑群一样，随着地形的变化而设计，因而是绝对低碳环保的排水设施；石板路、排水沟，加上马头墙上各种形状的木窗户组合在一起形成了很完美的搭配，加上村中的居民也是保留着很古老的生活方式，因而使得这里更像是“世外桃源”。很多中国古代人的精华思想和独一无二的匠技结合在这些古村落中，我们在考虑今天的设计或者规划中，也不得不佩服古代人那种“既低碳又环保”、“既方便又实用”、“既美观又舒适”的设计。在这里，我们在逛古村镇的同时，想着八卦阵的奥秘，体验着世外桃源的清净。

现在，像这样的古村落已经不太多，我们不光要学习老祖宗技术上的优势，更要看重了老祖宗“德高望重”、“文武双全”的精神传承，所以我们更要努力，用一句流行的话语讲，就是“改变世界，改变自己”。

天津美术学院

设计艺术学院

彭军 天津美术学院教授 硕士研究生导师

个人简介：1958年4月生于北京，1986年毕业于天津美术学院；英国布鲁乃尔大学、诺森比亚大学高级访问学者，中国美术家协会会员；现任天津美术学院设计艺术学院副院长兼环境艺术设计系主任；中国建筑装饰协会设计委员会副主任、中国室内装饰协会设计委员会副秘书长。

个人陈述：走进湘南的古村落，真切地感受到先民的睿智与尚美品位；它如同一面光闪的铜镜，以古映今，它又如同散发着沉香的史书，以古醒今。

亘古的龙脊 质朴的韧背——湘南板梁古村的神韵淳风

9 月，湘南的秋色却如北方的夏景般依然绿荫成片。从郴州驰出，平坦的乡间公路串引着村野的新风景貌，令人心旷神怡。弯过遮目的山丘，仿如时空穿越般，板梁古村已在眼前。

老年间的前辈好似景观大师似的，将板梁营造得步移景异、风韵淳厚。今天至此由始至深，循序渐进：村头的板梁大礼堂分明是“大跃进”时代的产物，可算得上现代建筑的缩影（图 1），20 世纪 50 年代的热烈 、60 年代的荒芜、70 年代的疯狂一下子如回映的影像再现，时光如梭不由得你感慨不已……可踱步在进村的接龙石桥上，仰望高坡上的望夫楼，已然令你不知不觉时置身在百年间的村俗民风中（图 2）。

掩映在青山绿水间的板梁古村始建于宋末元初，鼎盛于明清，距今有 600 多年历史。全村同姓同宗，世代传承，是典型的湘南宗族聚落。占地约 3 平方公里左右，现有人口 2000 余人的古村落背靠象岭，象岭树木葱郁，满眼苍翠，生机勃勃，是生气停留之处，板梁古村也因此人丁兴旺。

板梁面临溪水，其村落布局充分体现中国传统风水学崇尚自然、奉行天人合一的自然格局。至今仍保留着连绵成

图1（左） 板梁大礼堂
图2（右） 板梁古桥

参考文献

[1] 刘新德.儒家哲学思想对湘南古民居的影响[J].建筑科学，2009，4.
[2] 唐凤鸣，张成城.湘南民居研究[M].合肥：安徽美术出版社，2006.

片的湘南明清古民居建筑360多栋，青墙黛瓦、马头墙、雕梁画栋、飞檐翘角，颇有徽派建筑的风韵，但又自成欲柔还硬的湘民风骨（图3、图4）。村落布局分上、中、下三个房系，浑然一体，三大古祠村前排列，青石板路连通大街小巷延绵千米，古民居、古祠堂、清泉、半月塘、晒谷坪、古驿道、自然田园等有机排序，系统构建出人与人，人与自然、人与社会和谐共生的乡村聚落环境特色。

以家为单位的民居格局，或多或少都存在个人领地的意识。自家的院落一般都有院墙围护，家族的私有概念的一宅一户的围合形式在中国民居大多有所体现，而板梁古民居表现得更为直白。因为长年的战乱和匪患，这里的民居建筑尤其户户分明，没有一堵墙是共用的，没有一个院落是连在一起的。以家为个体围合起来的居所和院落形成了许多条窄小的道路，像一条条分界线，严格地划分你我的界限。这些深幽狭窄的小巷子，就如同村民的心理防线，死死地保守着自己的领地（图5）。

这样的将家家户户分隔开的窄巷村落布局还成了解决“火烧连营”的关键。封火墙（马头墙）也是具有较强防火功能的设施。其墙体设在木屋架两端，横向外，称山墙，前后檐为屏风墙（封檐墙），天井两侧为塞口墙。各部位墙体互相连接将木构架封闭不使其外露，起到防火分隔的作用（图6）。

家族的概念在古村落公共建筑中尤为突出。建筑内涵深深地浸润了儒家的宗法伦理精神。板梁古村择水而居，村前有水口、板溪，村中心有月塘、水井等。在月塘周围建立有祠堂、祖屋、神庙、戏台、议事堂等具有某种公共性的建筑。所有这些建筑，构成当地村民特定的心理生活空间或精神生活空间的中心。儒家特别强调“家齐而国治”，“齐

图3（左） 板梁古民居细部（一）
图4（右） 板梁古民居细部（二）

家”是“治国”的基础。这种由血缘而派生出来的宗法伦理观念几千年来一直影响着中国传统民居和村落的建筑形态，反过来，传统民居和村落的建筑形态又突出强化了这种宗法伦理精神。

湘南古民居建筑的平面布局体现了“崇中尚和”的儒家理念。运用中轴线意识，强调左右对称，讲究均衡之美。堂屋是主体建筑的核心，严格地放在中轴线上，联系左右的卧室、厢房和厨房，堂屋前有院落或天井，构成空间组织的中心。小到一屋、一宅，大到一村、一镇，古民居建筑都体现了特定社会共有的目标和生活价值观念。它们或精巧，

图5（左上） 板梁街巷
图6（右上） 马头墙
图7（左下） 古祠贤公厅
图8（右下） 板梁古商业街

或粗犷，或繁复，或简易，但都体现了不同地域的民族在平凡之中传递出的劳动者祖祖辈辈的智慧。

比如板梁的古祠贤公厅，门楣横联“旌表仪门”，宽阔的前坪还保留着拴马石、旗杆石，雄伟的正门双重屋檐轻盈地向天空挑着，整个建筑既有庙堂之高，又有将门之威（图 7）。

而村里的古商街曾是板梁最早的商业街，村民们自豪地介绍：当年有着有“雨雪天出门不湿鞋，办酒五十桌不出村”的美誉，“不湿鞋”是说家家户户大街小巷石板相连；“办酒五十桌不出村”就是说板梁商业街的繁华及商品很丰富的景象，而今已然衰败，仅存着些许当年的一些店铺老字号斑驳的痕迹（图 8）。

登上高坡，放眼望去，连绵起伏的屋脊、片片相叠的老瓦，就如同蜿蜒的龙脊，令人遐想。湘民先人的质朴之气、唯村唯大的风骨造就了这令人感动的屋貌村魂，留给后人一笔享用不尽的精神遗产（图 9）。

可叹的是祖辈的定制在现代化的今天却威严不在，先辈的子民毫无顾忌地在老宅间隙楔建 2 ～ 3 层的高楼，挡住了村

图9（左上） 鸟瞰板梁古村
图10（右上四张） 古村中搭建的新楼
图11（左下） 古村中的现代建筑

庄的主要宗祠建筑，破坏了古村原有的村落天际线。新建的独楼设计丑陋不说，居然仅前脸光鲜、三面赤裸，尽显俗态，真是令相邻的祖屋羞愧不已，不但影响了古村整体风貌，还使板梁神韵黯然（图 10）。

沿着板溪步回村头，回首望去，接龙桥对岸的村落和比邻板梁大礼堂的新建筑，构成了板梁村的当代、现代、古代的建筑序列，分明显露了传统的断代，内含的却是更令人思虑的板梁祖先的精神失传，令人嘘唏（图 11）。

与板梁古村咫尺之遥的武广高铁时不时传来的轰烈噪声，仿佛在展现着当今的社会最不缺的就是建设资金，可指挥风驰电掣而过的动车进程的团队却无暇顾及像板梁这类急需保护的历史遗存和为之再兴而应尽的责任。

张天 天津美术学院设计艺术学院2012级硕士研究生 导师：彭军教授

个人简介：1987年11月出生于山东省莘县，2006考入天津财经大学艺术学院，就读于艺术学院环境艺术（室内设计）专业，2010年获学士学位。2012年考取天津美术学院设计艺术学院环境艺术设计系研究生，专业方向：景观艺术设计与理论研究，导师：彭军教授。

个人陈述：坐在桥上，我就这么定定地看着板梁，从一块石板、一株小树、一只灯笼，到一幢老屋、一道流水。这么看着的时候，就慢慢沉入进去，感到时间的走动；感到街角深处，哪家屋门开启，走出一位白发老者或是纤秀女子。板梁的梦，太容易让人失去幻觉。

凝固的时间——板梁印象

摘要：走在板梁这个人杰地灵的地方，一房、一瓦、一山、一树、一草，无不诉说着这个古老村落的历史，在这里我们只是一群匆匆的过客，正如徐志摩先生所说："悄悄地我走了，正如我悄悄地来。"

关键词：板梁，文化，建筑，人文，古老，感触

"空山不见人，但闻人语响。返景入深林，复照青苔上。"站在这座有 600 多年的古城里仿佛让人有一种时空错位的感觉，让人感觉身处在明清时期，走在石板路上，看着青砖、黑瓦，时间在这一刻是静止的。这就是板梁给人最深的感觉。板梁位于湖南省郴州市永兴县境内，板梁村历史久远，初建于宋末元初，兴盛于明清时代，距今已有六百余年历史，是原金陵县的重要集镇，也是桂阳、耒阳、常宁间往返的商埠之地。

板梁得名于一个传说，在明朝永乐初年，承事郎刘润公返乡建古厅，当厅堂建筑即将完工，张灯结彩准备上梁时，竟然不见了椽梁！正慌乱之际，村民突然见村前河溪中漂来一块木板，工匠捞来一量，正好与屋梁接合，良辰吉时到时，工匠即用此木板代梁。始得名板梁，沿用至今。

一、道路

板梁古村风景秀丽，背靠象岭，面临溪水，山清水秀，视野开阔，小桥流水，曲径通幽。

入村第一眼看到的是一个三孔桥（图 1），桥墩方方正正，桥面用青石板铺成，该桥又名接龙桥，传说是将已经失去的龙气接回来。抚摸着青石板上凹凸的痕迹和厚厚的青苔，突然身边多了许多男男女女，穿着布衣长衫从我身边悠闲走过，岸边多了许多洗衣服的妇女，那一刻又仿佛回到从前，时间在这一刻是凝固的。

过了接龙桥，村中大街小巷纵横交错，店铺家居处处以石板路相连，分麻石街、青石街等，石街相连长有十数里。村里古语有"雨雪天出门不湿鞋，办酒五十桌不出村"之称，足见当年繁华景象。

二、建筑

过了接龙桥就是望夫楼（图 2），看着望夫楼我似乎看见一位婀娜多姿的女子正站在楼上，她那楚楚可怜期盼的眼神不住望着桥边，在等她的夫君回家，期盼和喜悦的感情从她眼神中流露而出。板梁是商埠之地，男子们多乘船外出经商。妇女们在家日夜担心，牵爱有加，遂暮上崖头注目观望，风雨无阻。为了感谢家妻们的牵挂之情，也为望夫妇女们遮阳挡雨，众商贾集资在望夫台盖了一栋塔形平台的楼台，所以形象地取名为“望夫楼”。

站在望夫楼上可以看见一个白灰色的塔，整个塔为砖石结构，塔直径 8 米，高 28.8 米，有石台阶按八卦拾级而上。结构密实，遗憾的是塔顶不复存在，据说是在“文化大革命”年代，被造反派用炸药将其炸飞了。也有的说是雷公打掉的。到底是何故，我们无法考证。我倒是宁愿相信是雷公打掉的传说。

纵横交错的石板路把村中大街小巷分隔得井然有序，抚摸着斑驳的墙壁前行，看到一栋典型的砖木结构三进式湘南民居。整个建筑布局显得特别有品位，富有皇家的气息，想象原来主人的风范，仿佛感觉回到清朝时期，四周挂满了大红灯笼，堂屋正中坐着一个身穿官服的人，威严地坐在那里。我跨过宽厚的两边有圆形抱鼓石的门槛，映入眼帘的是一个木雕精致别样的屏风，我忍不住去抚摸屏风，突然时空倒转，一切又恢复了平静。原来这是清三品官员刘绍苏故居（图 3）。窗户上的图腾组雕形态逼真，窗户上的“笑面佛”木雕更是精美绝伦，人物、花鸟、山水栩栩如生。当时的雕刻完全靠手工，而且没有现成的样子照着雕刻，真是让人感叹先人手艺之精湛。

三、人文

板梁是个人杰地灵的地方，是当地刘姓主要聚居地之一，他们号称是刘邦的后裔。据这里的族谱记载，从板梁迁徙开发的刘姓村庄有 400 多个，约 8 万人，历朝为官者数百人，历史底蕴厚重，诞生了很多传奇的事迹和人物，开国大将黄克诚从板梁起义走向革命的道路，红色文化在这里也得到了很好地发展和继承。七品承事郎刘润公非常重视农业生产和水利修建，修建了大水坝、高低坝等农用灌溉项目，至今灌溉农田 6000 多亩。村民刘宗琳，刘润公叔侄赴京赶考，宗琳公见湖广地区灾害连连，民不聊生，遂调剂粮食 6030 担救济湖广灾民百姓。体现了板梁人民以人为本、心系大众的情怀。

还有不得不提的是板梁一家独立的单位育婴局，距今有 200 年历史，是板梁先辈开设的最早的慈善单位。在当时的刘姓族氏里重男轻女现象非常严重，为了把这些弃婴抚养成人，族人成立了收养抚育婴儿的育婴局，并筹集资金，划拨 1000 亩为固定资产，通过收取租金来维持育婴局的日常开支。从那以后，刘姓族里再也没有弃婴，可谓是功德无量，体现了板梁人民的大爱。

板梁的神话传说给板梁笼罩上一层历史的神秘感，在明末清初，本地瘟疫流行，百姓流离失所，苦不堪言。村里一位德高望重的老者偶梦见一位从东方冉冉升起的女神，女神说："吾乃东方圣母，为解瘟疫而来，后山有种蓝、黄双色草，你采来用泉水煎汁给百姓喝，可保平安。"老者醒后叩谢不已。次日领村民上后山果见蓝、黄双色草，便采集煎服，果然药到病除，解除了一场瘟疫。村民为感谢圣母恩赐，便在村南建一座"东圣祠"，撰门联"东方明矣，击鼓敲钟大开觉路；圣心悲哉，救苦解难，普及黎民。"内供圣母娘娘金身塑像及诸佛菩萨，常年晨钟暮鼓，香烟缭绕，传说凡灾凡难，但求即灵，至今村中仍保留许多民间药方。板梁人文厚重而且带有亲切感。

板梁有个大古戏台，方圆数十里的村民都来看戏，十分热闹。此事惊动上苍，皇母娘娘也要来看戏，于是村民在村侧山下溪边建一小殿以供娘娘下榻。第二天竟发现殿后陷下一个山窝，有股泉水热气腾腾往外喷涌，老人们说这是皇母娘娘开出温泉洗澡的。于是村民们塑造娘娘金身于殿内朝拜，取名"娘娘殿"。后山窝就叫娘娘窝。据地质考证，娘娘窝地下 60 多米，而且板梁有很多地方是自然泉水，一年四季长流不息，真是一个人杰地灵的地方啊。

四、感触

坐在村民的家里，品着浓香的土红茶，香味沁人心脾，在这里远离城市的喧嚣，有的只是古朴的宁静和返璞归真的实际，这个时候你身心都是完全放松的，静静地享受着历史和文化带给你的诉说，每一片瓦，每一块砖，那斑驳的青石板仿佛诉说着板梁古老的故事，如果可以，我想我还是会回到这个地方。

图1（左）
图2（右）

图3 刘绍苏故居

田丽琼 天津美术学院设计艺术学院2012级硕士研究生 导师：彭军教授

个人简介：1989年出生于内蒙古巴彦淖尔市。于2007年考入天津师范大学环境艺术专业，2011年毕业于天津师范大学；2012年考入天津美术学院设计艺术学院景观设计专业研究生。专业方向：景观艺术设计与理论研究，导师：彭军教授。

个人陈述：抓住生活，捕捉细节。发现生活的美，体验生活的每一处。人类用其智慧创造了繁荣的社会，给我们留下了无数的历史遗产。在这里，可见老人们安详的生活，孩童们烂漫的笑容，时间在这里留下了深深的印记……

时间的烙印——板梁村

摘要：湘南自明、清以来遗存有部分的古民居，主要分布在南岭山脉的山区和丘陵地带，在郴州东南部地区的民居受客家文化、南粤文化的影响。其中最为典型的湘南宗族聚落是位于永兴县的板梁村。

关键词：布局形态，风水，民居

湘南——泛指中国湖南南部的衡阳、永州、郴州南部诸县。湘南位于南岭中部，其中近3/4的面积为山地、丘陵。这里属中亚热带季风性湿润气候区，气候温暖湿润，风光秀丽，山清水秀，一直被誉为"四面青山列翠屏，山川之秀甲湖南"。

多样性的文化交融造就了湘南人共同的思想理念、意志品格。自明、清以来遗存有古民居、单体村落及公共性建筑，这些主要分布在南岭山脉的山区和丘陵地带。在郴州东南部地区的民居受客家文化、南粤文化的影响。

一、板梁村布局形态

板梁村位于郴州市永兴县高亭乡境内，为典型的湘南宗族聚落，距今有六百多年的历史，是汉武帝刘氏后裔。

湘南传统名居的聚居类型中最为普通的是一聚一族。在外部形态上，板梁背靠象岭，傍依板溪，左右被山环绕，前部开阔。在聚落的发展上经历了两次分支，从而形成了现有的板梁村格局，整个板梁村都是刘姓家族。板梁村呈三片格局，但在其外部形态上却显现出高度的整体性。民居都以祠堂为中心，横向向两侧延伸，纵向向后推进，是典型的一聚一族，单体民居通过巷连成一片，平向展开，以统一的标准成行成列布置。这样统一的整体既能符合传统礼制，又能使房屋有效地采光纳气，相互照应。

聚落规划的理论和指导原则一般要遵循风水。在中国传统文化中，风水是一道独特的"景"，其追求符合人们需求的生存环境的主题是永恒的。风水其实质是追求理想的生存环境和发展环境，实际上也反映了中国古代人的一种环境观，无论是从选址规划还是建筑单体上，风水贯穿于中国传统建筑的各个环节。

参考文献

唐凤鸣，张成城，湘南民居研究.合肥：安徽美术出版社，2006.

二、风水

风水强调人与自然环境的和谐，在中国古代最突出的哲学思想就是“天人合一”，即天道与人道是一致的。人居环境的凶吉问题是风水术解决的重要问题，要满足人们避凶趋吉的环境心理追求，从而形成山水如画的景观效果。板梁村的选址与布局按照风水学的安排形成了负阴抱阳、背山面水，四周有山环抱，朝向坐北朝南的良好地段。板梁村的选址融合了自然环境因素和风水学：避光向阳，草木欣荣，山清水秀，这种理想的自然环境构成板梁村选址的最佳处。随着村落的演变，形成了聚落的骨架，构成了板梁村特殊的内部结构。随着宗族结构对聚落产生的影响，对内，表现为同一宗族成员住宅以宗祠为核心的内向布局方式；对外，则表现为非同宗成员间各自借助血缘关系获得的整体宗族力量间的抗衡，它使得宗族领域间距离适当。

板梁村以农业为核心产业，这也是聚落存在的根本，耕地也直接影响了选址。耕地的边缘地带，远离居住区，村子的边缘是墓地。广场一般都在一些大型的公共建筑周边，形状不太规则，广场是人流容易聚集的地方，是聚落公共性活动的舞台，也是人们沟通情感的交流空间。村头的广场就是村落的标志之一。在板梁村中，道路在形态上是典型的街巷，是一条条连续的折线，在空间上并没有太多的突变，却不断地呈现出细微的放大、转折，通过结合祠堂、水井等公共活动场地形成了多样的空间层次。说到街道，当然也离不开水系，水系和街道是聚落中的线状要素，在板梁村中，全村共有一条溪流，水系基本平行于街道（图 1）。

三、板梁村的典型古民居

在板梁村主要的建筑物有祠堂、牌坊、私塾、望夫楼、桥、亭等。

1. **祠堂**：是聚落中体量最大的建筑物，同时维系着宗族制度，耗资也最为巨大，建筑的细节也装饰得十分精美。在板梁村最大的宗祠是“板梁文阁”。祠堂前有一半圆形的水塘，水塘的后面比较开阔，供宗族内的成员集会，这也受到风水学的影响（图 2）。

2. **牌坊**：主要分三类——旌表节孝的节孝牌坊；旌表功臣的功德牌坊；旌表长寿硕德的长寿牌坊。牌坊是弘扬礼教、旌表功名最隆重的形式。

3. **私塾**：板梁村的私塾规模很小，只是一间三开间的民居改成的私塾。在封建社会，作为农家子弟跃龙门的唯一途径则是读书做官。

4. **望夫楼**：是板梁村独具特色的一道风景，古代时期，板梁村中的许多男子外出经商，数月难归，妻子日夜牵挂，就在板梁村村口外的崖头注目等待，久而久之竟成了村中的习俗，而村民们就把那崖头称为望夫台。后有村中的商贾集资建造了一栋小楼，取名为“望夫楼”，望夫楼坐落在村落的入口处，起到了画龙点睛的作用（图 3）。

5. **桥**：板梁村在对外的交通上依赖于桥的连接，村里对外的桥梁有三座：石桥、木桥及入口处的接龙桥；接龙桥全长 16 米，每一个环节都蕴含了工匠们的智慧和精湛的技艺。

6. 亭：在村头有一座村口亭，是村子的象征，也是村子的界碑。还有一种是路亭，位于官道的一侧，供路过的人休息。

四、结语

聚落是由人类活动的空间环境形成的。传统的聚落是人类居住活动的长期积淀，也是人类文明的物质体现。在湘南地区原生态居住结构保存比较完整，特别是永兴县的板梁村，无论是在村落选址还是布局结构上都有着特别的地方，形成了独特的社会网络和空间形态。通过对板梁村聚落选址、布局形态、建筑形式的深入研究，归纳总结板梁村传统民居的建筑文化特征，结合湘南地区特有文化地域特色，分析板梁村传统民居人文特征形成的原因。发掘板梁村聚落的生活形态，有助于我们更好地了解板梁村的发展历史。分析板梁村传统民居建筑文化发展的历史文脉，可以为我们在今后的学习中提供新的视角，具有重要的借鉴意义。

图1（左上）、图2（左下）、图3（右）　板梁古村风貌

王霄君 天津美术学院设计艺术学院2012级硕士研究生 导师：彭军教授

个人简介：1990年2月8日出生于山西省大同市。2008年考入天津美术学院，就读于设计艺术学院环境艺术设计专业，2012年毕业。同年考取天津美术学院学术型硕士，专业方向：景观艺术设计与理论研究，导师：彭军教授。

个人陈述：对于艺术，每个阶段总是有不同的感悟。从观赏艺术到实用艺术，一点一滴的积累和改变，驱使我从每一件事物上追求艺术这个原则。我还走在从稚嫩到成熟的这条路上，就像走过城市或乡间里的每一条道路时总是不能很快就明白它的方向、功能以及承载和历史。对于艺术，我还在路上。

湘南传统民居的聚落构成

摘要：聚落是人们生产、生活的居住载体，是我国社会结构和城镇发展的基本元素。湘南民居聚落作为传统民居聚落的一部分，通过其自身的地理历史环境和文化传统表现出自己的特色，具有极强的研究保护价值。本文试图从湘南聚落与地域、传统的关系着手，对聚落构成、空间结构形式、民俗文化和地域环境对聚落的影响进行研究和分析。通过对聚落规划布局的系统研究，充分了解聚落布局与经济、文化、技术等物质载体的关系，从而对于深入探索中国民居的聚落形式作出进一步的努力。

关键词：聚落，空间，形式，文化，历史

一、绪论

传统民居作为与人民生产、生活密切相关的一种传统建筑文化遗产，其形式和种类是极为丰富多彩的。由于各民族的历史传统、人文条件、生活习惯以及自然条件等的不同，民居的形式和特征也各具特色，体现出不同历史时期的意识形态与人文特征。此次对于板梁古村（图 1）、阳山古村以及小埠古村等进行考察研究，这些湘南传统民居不仅拥有居住历史悠久、居住条件舒适的特点，并且在村落选址、布局和建筑构成形式上都有其独到之处。对于湘南民居中传统聚落的构成形式以及空间规划特点进行深入研究，不仅可以让公众更进一步地了解湘南民居文化的灿烂与独特，更能够将理念融入现代社区网络规划中，也将具有极其重要的借鉴意义。

二、湘南的民居地域因素与历史溯源

1. 地域因素

湘南泛指湖南南部的郴州市、永州市及衡阳市南部诸县。湘南古民居主要分布在以郴州为中心的山区和丘陵地带，辐射至永州大部以及衡阳、株洲部分地区。郴州地处湖南最南部，东接江西赣州，南邻广东韶关，西与永州、桂林交界，北为湘中衡阳，其特点以山丘为主，水面较少，俗称“七山一水二分田”，境内河谷纵横密布，是湘江、珠江流域的分流区。山地丘陵面积占总面积的 3/4，地势东南高西北低，东南部分以山地为主体，西北部为丘陵和石灰岩地貌。

郴州位于北纬 24° 53′ ~26° 50′，属于中亚热带季风性湿润气候。由于气候温暖湿润，郴州山清水秀、风光旖旎，

参考文献

[1] 唐凤鸣，张成城.湘南民居研究[M].合肥：安徽美术出版社，2006.

[2] 唐舜.风水与环境关系的研究[D].湖南大学硕士论文，2003.

[3] 郭谦.湘赣民系民居建筑与文化研究[M].北京：中国建筑工业出版社，2005.

[4] 陈晶.徽州地区传统聚落外部空间的研究与借鉴[D].清华大学硕士论文，2005.

历来有“四面青山列翠屏，山川之秀甲湖南”之誉。

2. 历史溯源

郴州古代山高林密，交通不便，地广人稀，潮湿多雨，古称“瘴气”之地，有“船到郴州止，马到郴州死，人到郴州打摆子”之说，是历朝文人士大夫贬谪流放之所。同时，郴州地处中原通往华南沿海的要冲，“东联岭海，西接交广，为三省边隅，一方巨镇”，因而又是自古“兵家必争之地”。

从现存的古民居建筑风格来看，郴州东南方向民居明显受客家文化以及南越文化的深刻影响，它装饰夸张而色彩丰富；西北方向的民居则大多以端庄方正为主，大型院落居多。在这里，中原人、江浙人、客家人有形或无形的文化理念造就了湘南人共同的精神情感与意志品格。

三、影响湘南民居聚落形式的因素

1. 血缘与宗法

湘南聚落有很鲜明的宗族组织结构，并由此决定了村落的社会结构、经济生活、习俗文化的方方面面。湘南聚落大多数是同姓氏家族南迁而定居于湘南地区，以血缘关系为纽带的古村落往往表现出较大的封闭性、稳定性和对传统的延续性以及浓厚的祖先崇拜意识。湘南传统聚落往往以祠堂为中心，建立起以宗法制度为背景的生活秩序以及相应的空间结构（图 2）。以板梁村为例，在聚落内部形态上存在着这种典型的簇状结构。作为宗祠的板梁文阁统领着全村的建筑，同时也是整片建筑的核心。这种明显的向心空间布局形态体现了完整的权力聚散的网络体系。

2. 地形条件

湘南民居村落选址一般为三面环山，一面临水，坐北朝南，北高南低。地面坡度相对平缓，用地较为富裕，并且具有相对封闭的围合性。水是生命的源泉，对于聚落有着很强的吸引力，同时防洪意识又使聚落与水保持适当的距离。所以，聚落多顺河流呈带状发展趋势，依水而生。道路依据水系呈线状分布，伴随着街巷的曲折，空间不断呈现出细微的收缩、放大或转折，在连续的节奏下，通过结合水井等公共空间形成了丰富的空间层次。

3. 文化与习俗

湘南地区的大量移民中，多为书香门第出身，通过读书而入仕为官，宋明理学大大影响了当地人的思想和行为。因此，湘南家族中渐渐形成了读书为上、礼仪规范的教育，形成了以家族为单位的文化积淀与传承。

在湘南聚落中，人们必然有务农、洗衣做饭等活动，人们会自发走出住所来到公共空间，形成了聚落内部很强的社区性。随着各种生活和事件的穿插交织，越来越丰富而质朴的生活形式构成了网络状的联系，从而形成现代社区的雏形。

4. 风水观念

受风水学的影响，村落一般选址于地势开阔有流水的地方。风水学中，最佳的聚落选址就是要背山面水，水被喻为人的血脉,认为好水具有“荫地脉,出人才,养气聚财”之效。池塘的开凿与否关系到整个村落“风气”的聚散（图 2）。

湘南地区村落显然具有充足日照、自然通风、交通便利、防涝防旱等功能，还能调节小气候，风水术把这样的环境作为吉利的理想模式，体现了湘南地区世世代代开发居住环境的历史经验。

5. 防御意识

湘南古居民的防御思想使得古村落多为分散布局，各村之间很少有联系。在聚落内部，我们会发现道路多为狭窄、曲折，这是为了使贼匪进入后不易辨别方向，加强道路的弯曲度，会使人感觉可识别性差，容易迷路，同时楼宇上的射击口可防范入侵者。

四、结语

传统聚落作为人类文明的物质体现，是一种人类居住活动的长期积淀。在湘南古民居聚落形式中无不体现了中华民族传统中“天、地、人合一”的人本主义思想。

本文通过血缘与宗法、地形条件、文化与习俗、风水观念以及防御意识几个方面分析了能够影响聚落形式及其空间构成方式的因素。着重总结了聚落布局以及规划特点，这为古民居聚落的保护与发展提供新的视角，也使得人们对于古民居文化有了更深刻的了解，同时，对湖南地区甚至现代居住空间形态的营造具有重要的借鉴意义。

图1　板梁古村速写

图2（上）、图3（左下）、图4（右下） 板梁古村风貌

高宇星 天津美术学院设计艺术学院2011级硕士研究生 导师：彭军教授

个人简介：1987年6月出生于山西省太原市。2006年考入天津美术学院，就读于造型艺术学院版画系丝网版专业，2010年获文学学士学位。2011年考入天津美术学院环境艺术设计系硕士研究生，专业方向：景观艺术设计与理论研究，导师：彭军教授。

个人陈述：一直在艺术的道路上摸索，或研习绘画，或从事设计；或在有限的纸张中传达无限的意念，或在有限的空间中造就无限的美景；或思索笔触的曲直多寡，或研究景致的大小疏密；“外师造化，中得心源”，我将始终秉着一颗热忱之心，循着美的足迹，在艺术的道路上不断求索。

湘南古村建筑中瓦的印象

摘要：湘南古村建筑使用的是最质朴的灰泥瓦，这种古老的建筑材料平凡中透着大气，充满了手工艺感和历史感。作为设计师，如何让瓦这种传统材料与现代材料结合，使其展现出新的活力，这就需要我们认真思考并作出努力。

关键词：瓦，材料，传统，现代

对于生活在钢筋水泥森林的人来说，当看到板梁、阳山、小埠这些古村落建筑时，很容易就被这种时间的沉淀所触动。其中令我最有感触的，便是这一片一片盖在屋顶，似鱼鳞，又似梯田的灰泥瓦。虽不如宫殿、庙宇使用的琉璃瓦那般炫目与高高在上，但这一片片深沉的灰色泥瓦，充满了沧桑与质朴，沉稳与坚定，好像秤砣一般稳稳地压在这些百年老屋之上，平凡中透露出的是大气磅礴，让人越看越有味道（图 1、图 2）。

中国乡间民居的灰泥瓦的历史亘古千年，如父辈苍凉的脊背为妻儿、老小晴时挡烈日，雨天遮雨水。

湘南古民居铺顶的瓦与扣瓦间有隙，小小的缝隙间清风流淌，住在这样的青砖瓦屋里冬暖夏凉、其乐融融。瓦又是一种极其古老的建筑材料，在古代中国，瓦的生产早于砖。从甲骨文中我们发现在三千多年前的屋脊上有高耸的装饰或结构构件，但尚未有实物瓦的发掘发现。到西周中晚期从陕西扶风召陈遗址中发现的瓦的数量就比较多，有的屋顶全部铺瓦，瓦的质量也有所提高，并且出现了半瓦当。东周春秋时期瓦被普遍使用，从山西侯马晋故都、河南洛阳东周故城、陕西凤翔秦雍城、湖北江陵楚郢都等地的春秋时期遗址中，发现了大量的板瓦、筒瓦以及一部分半瓦当和全瓦当，表面多刻有各种精美的图案，可知屋面也开始覆瓦。到了秦汉形成了独立的制陶业，并在工艺上作了许多改进。西汉时期工艺上又取得明显的进步，由三道工序简化成一道工序，瓦的质量也有较大提高，因称“秦砖汉瓦”。之后瓦的使用越来越广泛，从庙堂之上碧瓦琉璃，到寻常百姓家的灰泥瓦，使用了两千多年，直到近现代建筑业的发展，灰瓦青砖才被现代工业建筑材料取代而逐渐淡出人们的视线。

湘南古村建筑使用的这些灰泥瓦，由于排列在屋顶上俨若鱼鳞，又被称为鱼鳞瓦，在当地由于这种泥质瓦取材便利、原料低廉、工艺简单、经久耐用，从而得到了极为普遍的运用。在明代的《天工开物》里就有关于这种泥瓦的制作方法。在《天工开物》的“制瓦”一章可以寻觅到数个制瓦工序和工具。在今天当地的手工制瓦工厂里，除了使用

参考文献
[1] 唐凤鸣，张成城. 湘南民居研究. 合肥：安徽美术出版社，2006.
[2] 蔡成. 地工开物：追踪中国民间传统手工艺. 上海：上海三联书店，2007.
[3] 俞昌斌，陈远. 源于中国的现代景观设计. 北京：机械工业出版社，2010.

一些简单的机械和制瓦工的衣服变了，其他的几乎没什么改变（图 3、图 4）。

湘南古村深受传统儒家中庸和平静思想的深刻影响，建筑形式强调的是与自然的和谐的关系，色彩以青砖灰瓦为主的灰色调，正合中国传统审美意识和方法。具体到湘南古村使用的灰泥瓦上，瓦用在屋檐之际，在人的视线之上，质地为泥烧制，粗线条的制作工艺，异于宫殿庙宇屋顶那种繁琐精细的装饰，屋面也不作剪边等工艺处理。古村的建筑不但是屋面满铺灰泥瓦，房屋的正脊与两边的垂脊，包括马头墙顶部的装饰也用立砌的瓦构成。一片一片普通得不能再普通的泥瓦组合在一起，使古村建筑屋顶形成一种高度概括的单纯形象，古村建筑的屋顶与屋顶间高低错落，成片地联合在一起，极具远观的醒目效果。如果拉近镜头观察它的细部，又会发现这些质朴的泥瓦是那么的千变万化。这是由于传统手工制瓦的工艺局限，以及长时间的风雨洗礼反而在这些泥瓦上留下了一种充满生活感受的肌理。这种工艺感与历史积淀感是现代材料很难企及的。

如何保存瓦的工艺以及让灰泥瓦这种传统材料在现代景观设计中继续发挥能量，是需要景观设计师认真思考并作出努力的。传统材料和现代材料具有很大的差异，充分挖掘双方的特点，合理地组合与使用是当代中国景观设计的课题。现代景观材料具有工业化生产、坚固耐用的特点，能满足多方面的功能需要，但由于这种工业大生产导致了在形态上的单调乏味，很难体现出不同的地域特色和历史文脉。如果我们在使用现代材料如现代石材、金属、玻璃等的同时辅以瓦片、青砖等材料，那么就会提供一种在肌理、色彩、质感方面强烈的对比与反差，不同的时间被凝固在一个点上，极具设计效果。

例如上海世博园沿江公园中的环绣园，运用大面积瓦片作为铺装材料，利用瓦片的弧形特征来排列组合，使其具有强烈的韵律感和历史感（图 5）。上海新天地 88 号酒店入口瓦片景墙，白天与周边新天地建筑的建筑风格色调和谐统一，其内置的照明灯具又让它成为夜间的精致装饰照明，暖色灯光照射在古旧的瓦片上，其凹凸的光影效果，给人一种在现代与古代时光穿梭的感觉（图 6、图 7）。又如北京奥林匹克花园下沉庭院中，运用了传统的灰瓦和现代钢结构结合组成的景观墙。钢结构既是结构上的支撑，又是运用现代构成手法对墙面进行各种形状的分割，瓦片采用传统的水波纹形式一层一层地叠加起来，仿佛是现代与历史的碰撞，具有极强的视觉效果（图 8）。

湘南古村屋顶上的瓦是平凡的、质朴的、粗糙的，但千百年来又是人们的容身之需，想必杜甫诗中“安得广厦千万间，大庇天下寒士俱欢颜，风雨不动安如山”中的“广厦”定然也是使用的这样的泥瓦。这些瓦片里蕴含的是古老的、富有情感的历史。在现代设计中，我们要去尝试更加丰富地使用这种充满历史和情感的材料，使我们的设计不但在形式上更具活力，在情感上也能触动人心。

图1（上）
图2（下）

图3（左上） 图4（右上）
图5（左中） 图6（右中）
图7（左下） 图8（右下）

李星月 天津美术学院设计艺术学院2011级硕士研究生 导师：彭军教授

个人简介：1990年9月出生于山西省忻州市代县，2012年毕业于太原科技大学并获得文学学士学位，同年考取天津美术学院环境艺术设计系艺术硕士，专业方向：景观艺术设计与理论研究，导师：彭军教授。

个人陈述：当这个世界的脚步太快的时候，生命似乎变成了行程，走到哪里，哪里都是家。在大城市，人同人的感情似乎再也不能随着岁月很快积累，而在陌生的海洋和冰冷的方块楼中渐渐迷失。安全、放松、认同、包容、和谐与温暖，那些被称为归属感的东西和淳朴的美好，在这青石小巷、柱廊楼榭里通通都找得到。

湘南民居建筑雕刻装饰艺术

摘要：雕刻在湘南民居建筑中起着非常重要的装饰作用，人们把对美好生活的祈愿和对生命的热爱与信仰，通过这些精美的雕刻在不同的建筑构件中以图案形式生动形象地表达出来。文章通过对湘南板梁古村一些建筑装饰雕刻的描述，探讨那些精美艺术背后的传统文化内涵。

关键词：雕刻，图案，建筑构件，传统文化

听了我的导师彭军教授对这次湘南之行的详细介绍，虽未亲临，却犹如置身其中，深深地感受到湘南民居的强大魅力。尤其是其中的雕刻，细致精美、生动形象，无一不体现人们对美好生活的憧憬和中国传统文化的精神内涵。神话、民俗、哲学、礼制、文学等，通过雕刻被巧妙地转喻在这些建筑构件当中。每一处雕刻都被赋予了人的理想，这些理想传达出人们的希望、祈求、热爱与信仰。所有这一切都通过雕刻象征性地表现出来，暗示着信仰上苍能够给予人类的希望，其中所承载的中国传统文化的内涵，向人们传递的社会历史信息，是人类文明和社会文明前进的过程中一份不可多得的永恒的宝贵财富。

以板梁古村为例，板梁古村位于郴州市永兴县高亭乡境内。古村始建于宋末元初，鼎盛于明清，距今有六百多年历史，是典型的湘南宗族聚落。村内至今仍保存了360多栋完好无损的明清历史建筑，栋栋雕梁画栋，飞檐翘角，砖雕、石雕、木雕，工艺都十分精湛，让人叹为观止（图1～图3）。民间文化、传统文化、历史文化都在这些雕刻后的建筑构件中留下深深的烙印，描述了这一个时代的社会生活和精神文明状况。文化通过这些雕刻得以传承、延续并发展。

一、蕴含在动植物雕刻中的民间文化传承

板梁依山傍水，风景秀丽，而板梁人把对美的追求、对生活的热爱、对

图1（上）、图2（中）、图3（下） 建筑装饰雕刻

参考文献

[1] 尹建国，谢荣东. 论湘南传统民居门窗木雕装饰艺术[J05].湖南科技大学学报，2009，12（05）：99-102.

[2] 唐凤鸣，张长城. 湘南民居研究[M].合肥：安徽美术出版社，2006.

人的祝福等都艺术化地刻在自家门、窗、屋顶、梁柱、石墙上，例如多子多福的石榴、平安如意的花瓶、富贵吉祥的牡丹、贤才有德的麒麟，福（蝙蝠）禄（鹿）寿（桃）喜（喜鹊）、琴剑梅菊、摇钱树、聚宝盆、祥禽瑞兽、神话传说、历史典故、渔樵耕读的生活场景等。借助图案的寓意和谐音表达他们内心真正的情感和思想内涵，无不反映了那个时期的人们对生活和生命的向往以及对幸福生活的执著追求。

中国人历来都比较含蓄、内敛，尤其是封建社会时期，思想较为保守，讲究“言不尽意，弦外有音”，希望婉转、间接地表达意思，表达美，让欣赏的人自己去感受、去体会。看看这些保留下来的建筑装饰雕刻，我们就能深刻认识到这种间接的表现方式。这与西方雕刻的直白不同，这些图案逐渐形成了一种固定形式表达特定的内涵，我们只有了解这些动植物所代表的特指性的内容，才能明白其中的奥秘，才能明白这些图形的意义所指。

民间有谚语云:“图必有意，意必吉祥”。说的就是这些精美雕刻，无论什么样的雕刻图案，花草鱼虫抑或飞禽走兽，背后都隐含着一个美好的吉祥寓意（图 4）。民间艺术家们把他们对世界的认识和理解，人们的质朴和热情，通过他们的才智和创造力以及精湛的雕刻技术，糅合他们自身的情感，淋漓尽致地物化在这些精美绝伦的图形艺术品当中。

二、传统文化及其精神内涵的图像体现

板梁古村的雕刻题材除了各种吉祥图案的运用之外，也有文学典故、神话戏文。雕刻画面层次丰富，人物背景栩栩如生。和大部分古建筑的雕刻内容一样，大多是三纲五常、光宗耀祖、吉祥如意等画面，但却又结合湘南的当地特色，演绎当时丰富的文化知识和历史知识以及地域风情。其中所表现的尊老敬贤、宽容谦让、自强不息的传统美德，是中国传统文化重要的精神内涵，也是人类永恒的精神财富，体现了儒家文化的伦理道德秩序，人们把这些内容雕刻在建筑构件中以此教育子女、教化后人。

人们依靠这些直观生动的图案来表达自己的精神世界和情感世界，同时这些雕刻图案也是人们能够接受文化教育和利用视觉图像认识世界的方式之一，这些演绎在雕刻艺术里的真挚、纯美、自然、生动、贴近于生活的形式语言，富有亲和力，具有形象性、愉悦性和感染性的艺术特点，将想要表达的文化思想寓教于美，比起苍白深奥、晦涩难懂的文字说教，具有能够打动人心的说服力。

图4 石雕

三、历史文化的图形遗产

这些精美的雕刻就像是历史的一面镜子，反映出当时人们的思维、生活、社会习俗、行文习惯和文学思想，成为今天人们窥探古人精神文化世界的真实窗口，反映了当时的社会经济文化特点，是不可多得的文化遗产和宝贵的精神财富。

高超的艺术水平仅仅是这些雕刻的一个方面，其背后所隐含的知识系统、精神指向、思维方式、智慧结晶、地域生活特点和文化价值观念才是它在今天仍具有重大研究价值的重要原因，具有持久的价值和意义。

四、雕刻蕴含的文化精髓是其最大的价值

古建筑大多注重雕刻，湘南民居在建筑装饰上也是如此（图 5、图 6）。雕刻在古建筑中起着非常重要的装饰作用，人们把对美好生活的祈愿和对生命的热爱与信仰，通过这些精美的雕刻在不同的建筑构件中生动形象地表达出来。雕刻所用到的都是有吉祥含义的花草或者动物图案，也有文学故事、神话戏文，用以教导人们知礼守孝悌、重敦厚仁爱，其内容几乎涵盖了中华文化的全部精髓，体现了中国传统文化的精神内涵，也体现了古人对建筑构件的匠心独用。

雕刻作为一种以外在形式表现内在精神和情感的视觉艺术，具有独特的空间表现形式，一个时期的地域、时代特色、文化背景，都能被融入其中。湘南民居的雕刻是前人留给我们的瑰宝，寄托了他们的理想和对生活的美好企盼，深厚的文化精髓被转喻于一个个精美的建筑构件中，这些雕刻丰富了湘南民居建筑文化的样式和内容，具有实用和装饰的双重功能，在美化建筑构件的同时给后人留下了宝贵的精神财富。无论是其高超的技艺水平还是其中丰富的人文内涵和文化积淀，都永远值得发掘和探寻。

五、结语

作为历史文化的图形遗产，传统文化的体现和时代精神、地域特色的标志，湘南古民居中的雕刻值得我们研究并加以保护，这样，传统文化才能够得以传承和发展，传统工艺和技巧才不会在社会高速发展的浪潮中被湮灭，其生动传神的造型语言和深厚丰富的文化内涵才能在面对全球一体化时代世界性艺术对民族文化带来的挑战中显得光彩夺目、熠熠生辉。

图5　板梁古村风貌

图6　湘南古村山墙

郭晓虹 天津美术学院设计艺术学院2012级硕士研究生 导师：彭军教授

个人简介：1988年出生于内蒙古包头市，于2008年考入天津美术学院，就读于环境艺术系室内设计专业，2012年获得文学学士学位，同年考取天津美术学院环境艺术设计系硕士研究生，专业方向：景观艺术设计与理论研究，导师：彭军教授。

个人陈述：喜欢自由，说自己想说的，做自己想做的，我从不违背心愿去做任何事。我懂得生活，我懂得得失，我也了解自己。

湘南民居屋顶装饰艺术

摘要：湘南民居偏居湖南南部，它所拥有的文化具有浓郁的地方特色，摆脱了其他地区古民居建筑的单一性，作为一个复杂的物质和精神财富体系，它是由多种因素相互作用、渗透和结合的产物。如此珍贵的文化遗产，自然会有很多人去进行研究、探索，让更多的人可以欣赏它独特的艺术魅力。湘南民居从数量、质量、种类、历史文化内涵等无不反映设计匠心的诸多方面，这些都给我留下深刻的印象，其中装饰艺术在其建筑中的巧妙结合使我震撼。此论文中根据自己对湘南民居的装饰艺术方面的印象与理解，记录一些感同身受的文字，在以后的学习中学以致用。

关键词：湘南民居，装饰艺术，屋顶装饰，马头墙，传统人文精神

引　言

曾有人这样形容：“湘南民居它给人的感觉就像是一位魅力清秀的古代少女，保存着它的神秘面纱。”是的，它是一种需要细细品味的艺术，只有身临其境才能慢慢地体会它的美。湘南民居给我的整体印象也是如此，脑海中那些青砖灰瓦、青石板、房屋的砖墙加入少量的白色和彩色在蒙蒙细雨中若隐若现都是它给我的最初的印象。

图1　板梁古村屋顶风貌

参考文献

[1] 唐凤鸣，张成城主编.湘南民居研究.合肥：安徽美术出版社，2006.

[2] 张斌，杨北帆著.客家民居记录·从边缘到中心.天津：天津大学出版社，2010.

对湘南民居屋顶的形式与装饰艺术进行探讨是不容忽视的，湘南屋顶形式丰富，崇尚变化，以精为美，以物寓意，崇尚自然与传统人文精神融合都是湘南民居留给人们不可多得的财富（图 1）。

如果把建筑作为营造的宇宙，那么在整个建筑中，与天最近的当属屋顶，屋顶承载着天的作用，因此，屋顶在中国传统建筑中占有非常重要、突出的地位。中国古人通过屋顶的造型，表达他们的崇尚自然、以物寓意的思想状态，而湘南民居中屋顶具有独特的艺术特色和深厚的文化内涵，在整个建筑中具有非常重要的意义。

一、湘南民居屋顶概况

这次的考察集中在郴州一带，特殊的地理位置形成了“八山半水分半田”的格局，这样的整体印象在我的心里更增添了一份神秘感。带着这份感受查阅了些资料，其中屋顶形式多样，并有丰富多彩的建筑装饰，就有很高的研究价值，其中蕴含极具亲和性的人文精神，这些在建筑中起到的作用是不言而喻的，人们把建筑比作凝固的音乐不就是因为这种建筑会感动人的心灵吗？我想好的建筑应该是能够与人的心灵产生共鸣的。

湘南民居的屋顶形式有“歇山式”、“攒尖式”、“悬山式”“硬山式”以及歇山式和硬山式的综合式（图 2）。比较有特色的祠堂入口屋顶一般采用歇山式和硬山式的组合屋顶（图 3），还有一些独特的屋顶造型都会给人们留下深刻的印象。这些多样的建筑形式也是湘南印象的重要组成部分，正因为这些局部灵活多变的形态才体现了湘南传统民居雅致的风格，美丽的屋檐配以灰色的调子，依山傍水，犹如撒落在湘南大地上的璀璨明珠。

二、屋顶装饰艺术类型

湘南民居的屋顶装饰是以屋脊为主的，一般都由正脊和垂脊两部分组成。

印象里的湘南民居屋顶是满满的小青瓦，极具秩序性。正脊处于房屋的最高处，由脊身、脊头、脊花三部分构成，这三部分的不同组合可以使正脊产生不同的装饰效果。中脊常设计福禄寿、麒麟、宝塔、葫芦等一些祈福避邪的图案。脊头更加的变化多端，有水平脊头、上翘脊头等，是正

图2（上）、图3（中）、图4（下） 板梁古村屋顶风貌

脊的重要组成部分，比较常见的形式有凤头脊、哺头脊等，多以抽象图案为主。

垂脊也是湘南民居中屋顶装饰重要的类型之一，有人字形和马头墙形式，其中最为有特点的莫过于马头墙，它是湘南民居最具代表性的特点之一，也是留给我印象最深的部分，远远看去别具一格，带有浓浓的民居特色。马头墙又叫做封火山墙，就是把山墙砌出屋面以上，沿屋面斜坡砌成山花形，一般高出屋面 30 ~ 60 米。这样的屋顶装饰也是由于特定的地理位置导致的——平地少、建筑密度大，民居毗邻而建，为了起到防火的效果，所以设计出马头墙来达到这样的目的，由此形成了湘南民居最为代表性的特点。马头墙是随着屋面的坡度而变化的，有平行阶梯形、鞍形等，做法极为精致细腻，马头墙的造型在整个建筑中也是最为丰富多彩的，成为整个民居的点睛之笔。湘南马头墙之所以千变万化、高低错落，不仅因为其形式多样，另一方面是因为民居群本身的因素，建筑多、进数不同都会产生一种“横看成岭侧成峰”的视觉效果，这样的视觉效果会给人留下深刻的印象。

三、湘南民居屋顶装饰的文化蕴涵

湘南民居的屋顶文化完美地体现了儒家思想中的精髓、师法自然的艺术理念，它融合悠久的人文历史和独特的建筑风格，是中华民族建筑文化中的一朵奇葩。

湘南传统民居建筑是多样性文化融合的古民居，无论是古代还是现代，我们所提倡的始终是一种崇尚自然的设计方式，而湘南民居的屋顶就体现了一种与自然环境相互和谐统一的设计观，比如屋脊上一般会采用些动、植物的图案，与周围的自然环境相呼应，增添了生活情趣，这种“天人合一”的思想在此体现得淋漓尽致。建筑还是传统礼制的一种象征与标志，在湘南，村落大多以姓氏和宗族为单位实行聚居，等级观念是通过建筑屋顶形式体现的，不同等级在装饰上会有所不同。宗祠也体现一种宗族聚居关系，宗祠是宗族的象征，是村民的活动中心和村落的政治中心，因此屋顶等级是比较高的，通过屋顶的装饰不同可体现特有的权威性。

四、结语

在我的印象里，湘南民居屋顶就像是一部浓缩的故事，记录着这里发生的各种传说，承载着这块古地的民俗民风，值得我们去为之思考。

湘南民居屋顶装饰艺术的形式、图案等都具有鲜明的特点，我们从这些元素中提炼出的一些装饰手段、方法都可以在当今的室内外空间中加以运用。我们就是要不断地挖掘古人留给我们的文化遗产，同时也要继承他们这种理念，把印象变为现实。

图5（上）、图6（下） 湘南古村屋顶风貌

图7（左上）、图8（右上）、图9（下） 湘南古村速写

夏冉 天津美术学院设计艺术学院2011级硕士研究生 导师：彭军教授

个人简介：1988年3月出生于河北省邢台市。2007年考入天津城市建设学院，就读于艺术系四年制本科景观建筑设计专业，2011年获得学士学位。同年考取天津美术学院硕士研究生，专业方向：景观艺术设计与理论研究，导师：彭军教授。

个人陈述：著名萧氏设计公司首席设计师萧爱华先生曾这样说："我们在生活中可以将设计艺术化，但不要脱离生活的轨迹。常常看到一些生活中的物品可以在这种物品中衍生设计创意，如我们设计的火花博物馆的灵感就来自于最普通的火柴盒！这就是生活中的细节带给我们的灵感"。设计它本身就是一张纸，而在这张纸上多了一些点、线、面，就好像人生在于享受从起点到终点的过程，而这个过程就是生活的点点滴滴。

湘南民居建筑元素——马头墙

摘要：湘南居民建筑作为湘南人生存文化重要的组成部分，以奇特的建筑样式反映了湘南地区特有的文化背景，蕴涵着丰富的审美元素。这种民居建筑格局盛行于明清，是中国民间传统建筑的重要标志。文章主要从马头墙角度对湘南民居建筑进行了深入剖析，以至更直观地了解建筑元素所蕴藏的固有的地域文化和审美价值。

关键字：马头墙，湘南民居，建筑

马头墙（图 1），又被称做风火墙、封火墙、防火墙等，特指高于两山墙屋面的墙垣，也就是山墙的墙顶部分，把山墙砌出屋面以上，并循屋顶坡度跌落呈水平阶梯状，沿屋面斜坡砌成山花形，以斜坡马头墙长度定为若干档，堵顶挑三线排檐砖，上覆青瓦，形似马头，故称"马头墙"。

马头墙是湘南民居重要的建筑元素之一。在湘南民居当中，马头墙被当地人普遍地应用在建筑中，这是由湘南地区的气候和地形所决定的。

湘南地属亚热带季风湿润气候区，四季气候特征比较分明，有亚热带、热带的特点。春季气温较低，雨水不断；夏季湿热高温，暴雨集中，洪旱交错；秋季干旱少雨，台风频繁，时有山洪暴发；冬季低温干燥，但冬季时间短，降雨量也少。所以防暑降温、御寒保暖成为湘南建筑的必要考虑部分。而马头墙面积高大，遮盖范围大，夏季可抵挡炎炎烈日，其前面为白色反光，也可反射太阳直射，从而有效折损热量。冬季来临，可防御凛冽的北风，抵抗来袭的寒气。因此在季节交替当中发挥了一定的调节作用。湘南山多、树多，建筑材料大量运用了砖木结构，砖木结构的房屋在屋顶边的处理上比较困难。如直接用瓦收边，瓦片极其容易被风吹掉，多雨季节漏渗水问题也难以解决，所以在当地对马头墙的应用十分广泛。

湘南地形多为山地丘陵，平地面积较少，可用的宅基地不多，所以宗族多聚集而居，户连户，墙靠墙，民居建筑密度大，这样会出现一个火患问题，因为房屋多为砖木结构，所以往往一户遭殃，祸及千家，使成排乃至整个村落的房子难逃劫难。为了木造房的防火需求，工匠们总结出把房屋两侧的山墙加高的方法，使两段山墙均高耸于屋顶之上，高低起伏，形成防火山墙，以抵御火灾，从而也变成湘南民居建筑中的一个重要特色。墙体的加高势必会影响房屋的

参考文献
[1] 汤德良.屋名顶实——中国建筑·屋顶[M].沈阳：辽宁出版社，2006.
[2] 唐凤鸣，张成城.湘南民居研究[M].合肥：安徽美术出版社，2006.
[3] 郭谦.湘赣系民居建筑与文化研究[M].北京：中国建筑工业出版社，2005.
[4] 单德启.从传统民居到地区建筑[M].北京：中国建材工业出版社，2004.
[5] 唐凤鸣.湘南民居的建筑装饰艺术价值[J].美术学报，2006.

整体美观，匠人们便把防火墙的顶部墙线进行自由的处理，便形成了马头墙。高大厚实的马头墙犹如一道天然屏障，把火灾有效地隔离在外，使之无处蔓延，从而将其轻松制止；同时，借助这个优势还可以抵挡东南季风，保护瓦片安稳地固定在屋顶为居民遮风挡雨；另外它还有阻盗、防贼的作用。

湘南民居建筑还十分看重轮廓线的变化，而这种变化大多表现在屋顶形态、屋脊式样和变化多端的马头墙上面，做法也各有不同。湘南马头墙之所以形态万千、高低层次丰富，除了形式多样以外，还有就是民居群有许多的人文变化因素。马头墙的墙体选用青砖加上坡度变化而砌成，其造型可分为阶梯形、弧形、鞍形等。而脊墙有的较为平缓，有的却有弧度地慢慢向上翘起。脊顶饰以青灰，再嵌竖立小青瓦；脊角用瓦或砖垫高，几组翘角并列，显得轻巧别致，使马头墙的造型更加的丰富多彩。虽然大多是以阶梯形式层层迭落，但是阶梯之间的尺度和比例变化多端，由于匠工们的处理手法各不相同，有的给人感觉活泼轻盈，有的玲珑秀丽，还有的则庄重威严。在组合建筑群体当中，马头墙通过不同高度的穿插搭配，无论从单个建筑本身来看，还是从多个建筑组团构成来看，甚至整个街道都充满了生气和被赋予美妙的变化。这种在单一中寻求变化，又在变化中归整的手法，非常值得现在的建筑创作者学习及应用。湘南民居以马头墙为构图要素进行组合，以花窗作为点缀，通过设计使高大的墙体变得错落有序，本来静止、单一的墙体，也被赋予了动态的美感。房屋的外表上青砖青瓦加上白线，极具动感的马头墙在蓝天白云的衬托下勾勒出一条条优美的天际线。这种庄严肃重、突兀多姿的马头墙既体现了使用价值，又为建筑增加了美观和威严。即使来自各地不同的异乡客人，看到这些高高耸立马头墙，也常常会因筑建者那种超乎想象的艺术创造力而折服。

不同地区的人有不同的人文和传统，这也使湘南民居马头墙的造型与其他地方有异。徽派建筑的马头墙是水平走向，比较规整，而在湘南的马头墙多倾斜向上，整体造型以曲线形式进行夸张，像翅膀一样增加其动感，使人感到有一种想要飞出去的强烈感受。这种夸张手法与当地的人文思想是相辅相成的，湘南先民对土地有浓烈的眷恋心理和内聚心理，但是同时他们也很渴望走出去，这种矛盾的心理导致他们飞出去但最终还会再返回来。

湘南民居的独特建筑表达风格融入悠久的人文历史，成为中华民族建筑文化中的重要组成部分。建筑反映筑造者和使用者的文化背景和璀璨的中华历史文明。建筑是一种集艺术形象、设计思想和技术手段于一体的文化现象。湘南传统民居建筑的每一个艺术符号都有本身对人文精神的寄托，它不仅是民居建筑设计的精华，而且其中也蕴藏着深厚的中国哲学思想和文化内涵。我希望可以通过对湘南民居马头墙的功能分析、审美价值的研究，发现它们的魅力所在，进而使更多人深入地走进民居、认识民居、了解民居以及评价民居。

图1　马头墙

刘昂 天津美术学院设计艺术学院2011级硕士研究生 导师：彭军教授

个人简介：1988年6月出生于河南省南阳市。2010年6月毕业于天津财经大学环境艺术设计专业和金融学专业，同年考入天津美术学院环境艺术设计系硕士研究生，专业方向：景观艺术设计与理论研究，导师：彭军教授。

个人陈述：感动，总是源于那赤裸裸的原生态和纯自然，由于日益生活在都市生活中，这种原始的“情境”已被现代化消磨殆尽，人们可以追寻的似乎只剩下故意摆放和栽种的花花草草，这就犹如被困在都市化紧张的框框之中。试想，如果突然被放逐到原生态的草原、古镇或是无垠的天际中，零距离触摸那空灵的大自然，那会是怎样的舒适。而这份舒适和自由正是我们在这个现状下需要守望、延续和传承下去的一份情结。

湘南民居形态与自然性回归

摘要：感动于湘南当地原生态的民居形态，并发现湘南民居形态上的自然重复和感性回归的这些方面的特点，通过大量的实际现象和理论进行分析和阐述，由此可见，湘南民居这种有特色的形态是当地的一笔财富，应该更好地被守望、延续和传承下去。

关键词：湘南民居，自然重复，感性，感性和理性，回归，延续，传承

我的导师彭军教授给我们展示了他去湘南考察时所拍的现场照片，详细介绍了相关专家对湘南民居的研究和导师深入浅出的讲授，我深深地被这种气息浓郁的“湘南 style”所吸引和折服。在这个过程中，我发现了这些湘南民居形态上的一些规律和这些建筑给我传递的一些信息。具体来说，就是一种通过其建筑形态表现出来的自然重复感和感性的回归。

一、湘南民居的形态的特点

湘南地处湖南南部的山区，气候湿热，雨量较多。由于地处中国南方地域，其生活习俗、人文地理，包括湘南人民居住的民居也包含了南方民居建筑的普遍特点。湘南人民居住的住所，经历了悠久的岁月风华，适应了当地的地理环境、融合了周边的社会风气、形成了聚族而居的生活方式，也形成了当地独特的审美观念，加之在形态上承袭徽派民居和客家民居一些造型上的元素，因地制宜地就地取材，构成了现今我们看到的湘南民居的形态特点。

正如图 2 所示，青砖灰瓦、低亢堂皇、平直和曲线构成了建筑的主要形式，外加层层叠起、错落有致、曲折相向的封火墙和连片的青砖黛瓦，在郁郁青山的相互辉映下，仿佛可以仅从湘南的民居形态上就感受到其静穆的独特生命力。看着展示照片上湘南民居静静地横卧在碧山秀水中，那么安详和淳朴的天生丽质，就犹似可以听到湘南在低吟属于自己的故事，静静传唱属于自己的简洁、纯净的乐曲小调。

二、湘南民居形态重复性的自然体现

说到“重复”这个词，大家都并不陌生。它的字面意思是指相同或是相似的事物再次或反复出现。在看到湘南这组照片（图 1 ～图 3）之前，我发现身处的生活环境，包括平时所做的一些项目，这种“重复”的东西频繁地出现。

举个简单的例子：如果我们走在马路上，路灯就是以一个相同的距离在重复出现；再者，商业广场上的树池在设计的时候，也会遵循一个规范来重复形成阵列。说到这里，我们可能会产生疑问，这些都是日常生活中应该这样设计的，为什么要套上这么一个“重复”的限定呢？关于这点，我也在想，或许在生活和设计中，并没有那么多死的规范来限定人们考虑问题的方式，如果这里我用“重复”性的眼光去看和分析周边的现象，单凭这一点，起码这种现象和这个说法是正确的，因为它确实是遵照一定的条件和要求实现着“重复”。注意，这种“重复”是有一定的依据和说法可循的，还拿路灯来说，它就有一个明显的距离尺度在限制，这样可以满足最大的光亮需求。用这种眼光来看老师提供的这些湘南民居的照片，我也发现很多“重复”的影子，而且在这么民风朴实的环境中，其居住形态上杂糅进的那些风俗、规范、说法，一切都显得那么自然而然。

图1（左上）
图2（右上）
图3（下）

对于湘南的“重复”，如果我们从大方面往小方面来说的话，那么就可以将其细分为整体布局上的重复、家家户户民居形式布局上的重复，以及单体民居形态上体现的细节重复这三个方面。

1. 整体布局上的重复

经过对资料的研读，湘南的民居建筑整体的布局主要有三种：一是矩形排列；二是环形排列；三是带状排列（如图 1 ～ 3 左上为环形排列形式；右上为方形排列形式；下为带状排列形式）。它均是以一个单体的建筑为元素，或是说以一个住户宅院为元素，逐渐扩大，逐渐围合而成的——幢的重复生成院，院的罗列形成组，若干组再围合为村落。每种排列的形式都由每个单体的不断重复出现围合而成。环形围、带状围等，拼接为一个向心的形式。这之中，虽说各家各户的居所不尽相同，但是在拼合出整体的围合形状的前提下，它们都是作为元素单体存在的，进行着所谓的“重复”排列组合。

2. 家家户户民居形式布局上的重复

湘南的民居在落成的时候，综合地考虑了很多风水上的应用，当地人民的信仰，以及当地人民对天、对地、对祖宗的敬仰之情等各个方面的因素。所以，湘南的民居挨家挨户在楼层的数量（一般不超过 3 层）、面积的大小（单体民居的建筑的面积一般都不是很大）、屋舍装饰的贫富程度上虽不尽一致，但是在各家各户内部房屋的空间和功能安排上，基本上保持了一致。他们的民居基本上都遵循一种空间上的布局，我制作了一张图片来表达这种布局形式，基本每个体湘南建筑的平面布局都遵循着同一规则（图 4）。戏台、厅门、正厅、神龛等方位和规划都是有一定讲究和顺序的，这也是一种重复的利用，因为每家每户都在因地制宜地遵守着这个规则。一般从入口开始，都会按照厅门—天井—正厅—神龛这个顺序排列，天井为正中的布局，控制着整个建筑气的循环；神龛一般为正轴线的末端，寓意尊敬神灵和祖先，属于每家住户的核心位置。包括其他的类似厅门、正厅，以及富裕人家搭建的戏台之类，都有一定意义上的说法。由此，不管是空间上的安置，还是每个空间所涵盖的风俗讲究，各家各户都在不约而同地遵守着，使这种建筑形式自然、主动、非强制性地被“重复”着。

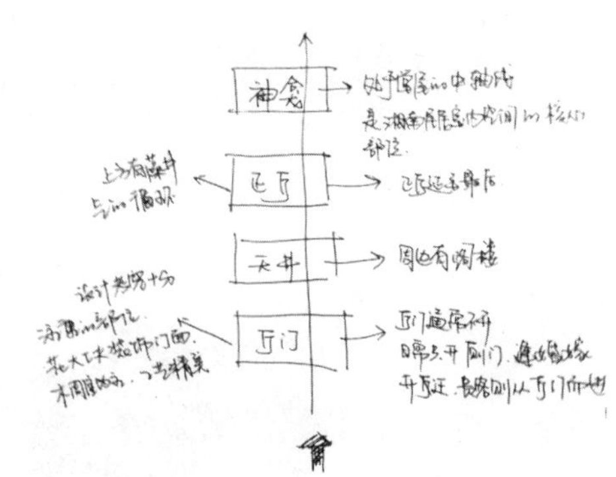

3. 单体民居形态上体现的细节重复

具体到单体的民居形态上，“重复”的地方也可以找到很多，比如说民居的色彩处理。湘南的民居都基本上以青砖黛瓦的黑、白、灰素色调出现，整体感强、整个村落或是区域内的建筑从不突出单体，很少标新立异，这一方面是因为当地因地制宜用材的便利，另一方面也反映了当地居民内心平和、性情安详和追求“天地人合一”的地方情结；其次，建筑用材上，当地的民居建筑除了青石广泛被用于墙壁、道路等处，建筑的装

图4

饰或是屋舍的装饰一般都使用木材，而且几乎各家各户都如约定俗成般地使用木材为材料进行装饰，这也是一种重复；另外，装饰上的重复，各家各户都有符合当地特色的马头墙、翘角、天井、戏台、抱鼓石以及精美的木雕装饰等。

再往建筑的细节上看，也很凑巧地存在“数”的重复，而且它还存在一定的隐喻。在书上有解释：“湘南建筑里的数，比如说六边形的六，寓意六道轮回；八边形的八，寓意八正道的教义；十二边的十二寓意十二因缘等；各家各户为了避免火灾所建造的马头墙都是按一定数量向下排列的，一般为 1 至 5 次，常见的为 3 次罗列的，和 5 次罗列的，分别叫做三花山墙或是五花山墙。”包括各家各户入门房檐上的装饰，每排由多个小的单体组成，房檐一共罗列了几层这样的装饰，这类的“重复”都是有一定的考究的，象征家族的地位，或某方面的荣耀。

三、湘南民居形态的感性回归

感性回归则是指湘南建筑自身蕴含和散发出的当地人民性情的一种情怀，并且这种回归的味道是通过湘南这种独特的建筑形式体现出来的。当然我至今还无法定义这种感性是人文的还是经过历史和时光的陈酿，总之是由当地的风俗反映到建筑上而体现出来的，或许两者都有。这种感性是湘南人民的一种本性，一种当地浓厚的人文精神和理念的感情。

湘南四面环山、密林茂竹、秀山碧水，生态环境优良，当地人如此地贴近自然，早已具有对湘南这片土地的深深眷恋和崇敬之情，其思想方法、审美情趣等也都和当地的山山水水、林木大地紧密地联系在一起，导致了湘南人民形成浓郁的恋土品格和强烈的内聚心理。这种传统的地方观念通过人民的行为和生活方式、信仰理念、民间习俗等一点一滴地在其居住的建筑形式上显露出来。由此，在我看来，湘南民居已经不仅仅被作为一种建筑形式而存在，且更多的是一种文化现象。唐凤鸣老师在《湘南民居研究》中有这么一段描述，我觉得恰好可以体现湘南民居形态的感性回归这一点。他是这样叙述的：“……在民居建筑上，屋盖的夸张造型，多重檐、马头墙、屋脊上富有流动感的装饰物以及檐口以上大量的精美饰品，都产生强烈的上升力和张力，而朴素无华的清水墙、高大挺拔的立柱以及基础部分的大量石材又以其沉重感把这股上升之力牢牢牵住，形成了‘收’与‘放’的强烈对比，尤其是墙基转角之处的泰山石，及石门槛、抱鼓石，更强化了对大地的收聚力，表现出湘南先人自强不息、脚踏实地的求实精神……”我觉得这就是一种回归的力量！一种挣脱了束缚，又脱不了牵挂的回归力量！

四、湘南民居形态自然重复和感性回归二者的联系

表面上看，湘南民居形态的自然重复和感性回归貌似是两个完全没有关联的两个方面，而且二者一个属于理性的体现，一个属于感性的体会。但是这二者恰恰就因在湘南民居这个载体上有了千丝万缕的联系。

我们回顾一下前面所讲述过的内容，重复的形态，之所以在湘南会有这种独特的民居形式，完全是和当地人民深

厚的家乡品质和思想观念的映射分不开的，这种思想的来源，观念的出发点，就是因为当地人的感性和对大地的眷恋、热爱之情，正是这种由心而发的激情，造就了民居形式上，像是人们对同一种或是近似的民居布局的钟爱和潜规则的遵守和传扬；像是当地民居同样的装饰手法、装饰形式的表现，同样的对地域风水的信仰，同样的构成湘南民居的重复。总之，越是重复的应用，这种感性上的重量和比重就越多，当地人民就越发加强感性的观念，起码来说，这是表现当地人这种回归感或是乡土眷恋的一种表现渠道和方式。所以，这二者也受到湘南的熏陶而自热而然地结合在一起，并时时地相互影响、发展着。

五、湘南民居的重要意义

湘南民居属于中国社会地域化的一种传统聚落，是当地人民聚集生息、生产生活的居住载体，同时也是我国传统文化中一种质朴隽永、异彩纷呈的文化宝藏，而且像这种原生态的湘南民居可以更真实地勾勒出两湖民居的历史。在现代化都市的高压生活下，这种返璞归真的、有当地浓郁气息和特色的民居聚落很受人们的欢迎，因为大家都厌烦了都市的钢铁森林，期望去体会、去感受这种原生态的气息。今年的十一黄金周，湘南民居仅靠旅游观光业的收入就突破几亿元人民币，这一点使我震惊！有时我在想，都市的人们情愿花上千上万元的旅途费用来到这里参观湘南人民的自然生活，何不在自己的城市被“现代化”侵蚀的过程中喊“停！”，也像湘南人民那样，淳朴、平实地对土地、大山和河流热爱和眷恋，保护和延续属于自己的居住场所。让我们生活的都市环境，也或多或少地存在或是保留一些有地域价值的当地居住形态，更多地重复当地的特色。在当地的民居形态上，有更多的对自己故乡的理性回归！

前段日子，在浙江台有一档很火的选秀节目“中国好声音”，有位来自知青家庭的普通青年平安，延用美声唱法，但用稍带些摇滚味道的方式深情地演唱了一首《我爱你　中国》的歌曲，评委刘欢老师听完很激动，他评价了这样一句话：“通过由你们这样的现代年轻人来唱这种带有自己时代特色的老歌，我看到了延续，也看到传承！传承自己的特色，这在多少年后回忆起来，会是一个独特的记忆，是其他人没有的。”我觉得这句话说得很对，延续和传承！像湘南民居的形态那样，更多地守望、延续和传承自己的形态形式，重复这种逻辑，不断传承自己对故乡的热爱和眷恋，因为这是对故乡的独特记忆，是其他地方没有的。

王家宁 天津美术学院设计艺术学院2012级硕士研究生 导师：彭军教授

个人简介：1989年1月出生于辽宁省大连市。2008年考人天津美术学院，就读于天津美术学院环境艺术设计系室内设计专业，2012年获学士学位。同年考取天津美术学院环境艺术设计系硕士研究生，专业方向：景观艺术设计与理论研究，导师：彭军教授。

个人陈述：远亲不如近邻。在当代都市复杂的生活环境中，人们开始淡漠了与邻里之间的交往，使得原本和睦的关系出现崩盘的现象。是人们过多地在意自我而忽视了别人，还是社会压力的重担让他们无法喘息？相比之下，阳山古村的祥和，却带给我们一些新的气息。

远亲不如近邻——观阳山古村感悟现代都市淡漠的邻里关系

摘要：自从改革开放以来，中国的发展一直保持着快步前进的步伐，从而推动城市化的进程，城市邻里在居民的社会生活以及在城市管理体系的重建中都显示出重要价值，但是邻里关系出现淡漠化的趋势。本文试图从城市邻里关系存在的问题出发，通过介绍郴州阳山村—— 一个经典和谐的神奇古村，来提出一些控制城市邻里关系淡漠的措施。

关键词：邻里，和谐，阳山古村，淡漠

在这个急剧变迁的年代，作为现代文明敏感区和前沿阵地的城市，远亲不如近邻，看似脍炙人口的话，却慢慢地变得暗淡失色。这一居民的行为准则与思想观念发生了重大变化，传统的邻里关系遇到了极大的挑战。相比之下，远在千里之外的郴州阳山古村（图 1、图 2），为我们开启了一扇智慧的大门，我们应当冷静地反思，并虚心请教。

一、城市邻里关系现状

当今社会，我们经常会从新闻类节目中看到父母子女为金钱而反目成仇，兄弟姐妹为利益而大打出手，甚至夫妻因财产而形同陌路的报道，看似可靠无比的“近亲”也出现了崩盘的现象。那好吧，如果我们指望不上所谓的近亲，那么我们又与近邻搞好关系了吗？笔者曾查阅过相关的调查报告，从与邻居的关系来看，当问及

图1　阳山古村速写（一）

参考文献
[1] 张斌，杨北帆. 客家民居记录——围城大观.天津：天津大学出版社，2010.
[2] 张斌，杨北帆. 客家民居记录——从边缘到中心.天津：天津大学出版社，2010.
[3] 吴巍. 中国城市社区居民制止参与不足的原因及对策.社会福利，2005.

是否认识你的邻居时，超过半数的人表示只是偶尔打个招呼，认识并交往过的只占 3 成。对于邻居家有几口人，有 47.4% 的人表示是很清楚的，而 44.7% 的人不太了解，7.9% 的受访者表示完全不关心邻居家有几口人。只有 31.6% 的人表示会和邻居经常往来。而当问到遇到问题时是否向邻居求助时，只有 9.9% 的人表示一旦有问题就向邻居求助，而 36.2% 的人从不向邻居求助，53.9% 的人遇到重大问题才向邻居求助。而 40.75% 的人曾经帮助过邻居，更有 44.1% 的人表示如果邻居求助愿意伸出援助之手。80.3% 的人与邻居没有矛盾，但是也有 19.7% 的人与邻居存在矛盾，而噪声和环境的污染是一个很大的原因。当与邻居之间发生矛盾时，48.7% 的人愿意主动调和来化解邻居间的矛盾，27.6% 的人表示不愿意事情闹大，吵两句就适可而止，22.5% 的人选择互不理睬、任其发展，极少的约 1.2% 的人选择用武力解决。这似乎显示，昔日那种邻居间两小无猜、朝夕相处、相伴成长以致后来青梅竹马的良辰美景已然一去不复返了。大连市甘井区泡崖新区的王大爷告诉笔者："现在别说上人家串门，就是楼里通知个事儿，人家还隔着防盗门说话，根本没有想请人进屋里的意思。"由此看来，相当一部分人既没有可靠的近亲，又没有搞好邻里关系。

二、阳山村——和谐的古村落

阳山古村位于桂阳县正和乡境内，距郴州市区 24 公里，距桂阳县城 16 公里。村子因依骑田岭之南而得名阳山，古村始建于明朝弘治年间（1497 年），已有五百多年的历史。整座村子占地数万平方米，建有明清古建筑百余栋。村民全部姓何，何姓先祖从江西庐江郡迁徙而来，聚族而居，崇文尚武，重伦理、求和睦、明礼仪、事农桑，涌现出进士、举人十余人，官吏将军、翰林者多人，不以望族自居，助弱扶贫，自发设立了重九会（敬老）、仪学会（助学）、救婴会（救婴）、禁戒会（自律）、女儿会（扶孺）等，形成了"宽容诚厚重，和气致祯祥"的百年家风。古村民居结构严谨，在通风、采光、排水、防火处理上独具匠心，有"湘南民俗文化博物馆"之称。阳山古村的古代民居群落不仅仅是一处保存完好的宝贵历史遗存，更是我国古代民居建造中讲究"天地人和"，体现儒家"中和"思想的民俗文化与建筑文化完美结合的"活化石"。

我国古人设村、造屋讲究风水学。阳山古村坐北朝南，村后有山，名叫卧牛，相当于玄武，稳稳当当；村左为跑马场，是阳山人习武练兵之所，场外有护山，相当于青龙，向南蜿蜒而去；村右有荷花池和书院，书院外也有护山；村前，阡陌纵横，流水潺潺，远山含黛，近景如画，按风水学的说法叫做"前朱雀，后玄武，左青龙，右白虎。"一泓清泉萦绕全村，汇入村前阳山河中，为村子的美化，也为村民的生活排水、消防起到了良好的作用。

村中笔直的巷道把六十多栋古屋明显地分作前村、中村和后村，每条巷道中又安了不少"月亮门"。这种"月亮门"白天敞开，不影响过往行人，晚上关门，使村里每户人家都拥有一个相对独立的小院落。村内房舍结构严谨、错落有致、屋檐飞翘、雕梁画栋、壁檐彩绘、木雕石刻，精致素雅、寓意祥和、栩栩如生。古村的规划布局不仅有效地防御了洪涝自然灾害，而且使村民的生活生产极为便利。这样的规划在今天的人们看来都是非常科学的。

这里的房屋青砖黑瓦，房屋格局最典型的有四种：一种是三厅的，一厅厅的连起或是三厅接两个条形的天井；一种是两厅接一个天井；还有一种就是两厅中融一道屏风的；另一种就是独院独户的。房屋雕梁画栋，门窗雕花刻物，就连高高的屋檐下也绘着书画，而且无不透着琴棋书画的雅致和福禄寿喜的美好愿望，体现这里耕读传家的族风。阳山村落和房屋是五横八纵，街串巷连，井井有条，屋与屋之间夹着石板和卵石铺就的路，行路走中间，排水沟则一律在路边。村落的规划区域功能很明显，我们在其中间没看见一栋猪栏茅厕，村子的两边才是。行路走中间，有一种鱼骨的感觉，这不是乱摆而是江渚文化。

这里的房屋建筑虽然历尽沧桑，但气势不凡，渗透明清建筑的独特魅力。许多古屋的厅堂里都高挂着牌匾如“学海渊源”、“声震镖骑”、“佩印堂”、“余庆堂”，每块匾都字迹清晰，甚至都还是烫金大字。其中的“研经第”体现了汉代经学的传承，“太极第”体现了宋代理学的传承，“治中和”体现在三个和谐：人与自然和谐；人与人和谐；人与心和谐。

阳山古村更是一部久远而和谐的民间史。客家人何氏从江西庐江郡迁居桂阳。要想在陌生偏僻的新客居地立足，就必须团结互助，共同克服困难。“天下客家是一家”、“一个好汉三个帮”，何氏族人在积极融入湘南风俗的过程中，形成扶贫济困、乐善好施的好传统。旧社会重男轻女，为了收养救助女婴，成立了“救婴会”；为了鼓励扶助子弟读书，成立了“义学会”；为了关心尊重老人，成立了“重九会”，还有 “禁戒会”、“宗源会”、“女儿会”等民间自治管理组织，正是有了这些严明的族规家法，才保持了阳山古村六百年纯朴的民俗民风。

走进阳山古村，大门内侧那几块有些残破的石碑，或许就是阳山人数百年文明和谐历史的见证吧。当中一块保存尚好的“救婴会序”石碑记载着阳山人对女婴格外的关照和厚爱。比如碑文所刻，救一名女婴报知本会赏钱三仟二佰文；村民每添一女婴，救婴会便会派人送谷两担，且长期帮助女婴家中度过经济、生活、生产上的困难……反之如果歧视女婴则要受家法严惩。

无论是从建筑的风格还是宗族伦理的关系中都不难发现，郴州的阳山古村里里外外都体现出“天地人和”的和谐思想。在阳山，无论官吏还是平民的房舍几乎没有任何区别，甚至之间毗邻相接，这与城市里夸张无比、拒人于千里之外的政府大楼产生了鲜明的对比。在这里，人们生活得和睦友好，很少发生争执，家族的重要大事，基本上由德高望重的老人来决策。人们互帮互助，团结奋进，习武从文的思想代代相传。

三、造成邻里关系淡漠的原因以及改善措施

究其原因应该是多方面的。第一，人口的快速增长与城市规划、建筑设计的无奈。笔者曾经去过英国交流学习，对那里轻松的居住环境印象深刻，相比之下，我国的居住条件显然是紧张得很。城市的用地有限，楼房只能越建越高，

人们被一一安排在每个房间里，突然与周围的邻居失去联系，曾经的低头不见抬头见好像也不复存在了。久而久之，住了十几年也未曾知道邻居都有谁，更别提相互间的交流了。第二，物质与精神文化的极大丰富疏远了邻里的关系。中国改革开放这几十年来，人们在生活质量方面大幅度提高，因此，人们不再需要同舟共济、互利共赢，而是更多地在乎个人的得失。第三，现代生活的快节奏。随着城市范围的扩大，职工上下班在途时间增多，减少了工余闲暇。中青年双职工家庭增多，家务劳动、教养小孩负担大。紧张的工作和学习，忙忙碌碌的生活，挤掉了人与人之间许多交流感情的时间，人们只求大体上过得去，包括邻里关系在内的人们之间的情感关系淡化了。

四、改善现代都市邻里关系淡漠化应该采取的措施

第一，楼房和住宅小区的建筑规划设计要为邻里关系发展提供物质基础。在楼房的设计上考虑采取以下措施：①从建筑结构设计上着力消除滋生邻里矛盾的诱因。提高楼板隔声效能，加强卫生间防渗透处理，改进设计，使管道减少堵塞的可能。②增加一些一梯多户的设计方案。因为同层之间来往比较方便，多家共住一层，能提高邻里交往的气氛，也多一点选择余地。③小区中宜利用房屋造型上的变化及地形、道路、绿化的变换，划分若干规模较小的组团，并加以适当围护，提高组团内居民的接触频率。

第二，加强楼宇和小区管理，为邻里关系的发展创造良好氛围。①有电梯的楼房，可充分发挥电梯工联系邻里的中介作用，让他们分发报刊、牛奶等，使居民产生中介认同心理。②对在楼梯走道堆放物品等损害邻居利益的做法，以及任意放大音箱音量的不文明行为，由管理员出面制止，避免邻里冲突。③有关管理部门在安置小区住户时，尽量将同一单位、同一行业的住户安置在同一幢楼、同一小区。

第三，加强对居民的思想道德教育和小区精神文明建设。可以在居住小区内开展以下活动，增强小区居民凝聚力：①有条件的小区可以开展体育竞技类比赛，在增强体魄的同时，还可以增进彼此的了解。比如拔河比赛、羽毛球比赛等。②任何健康的思想教育都应当从儿童抓起，社区可以多组织一些儿童类趣味活动，在吸引小朋友的同时，也引得家人随之相伴，这样会增加家长与孩子间的了解。③居委会中设置“社会工作人员”，同时成立小区“社会工作委员会”，评选和推选本区一些德高望重、有社会工作能力和经验的居民为委员，共同负责本区的民间大事。④让广大人民的思想适应当前的国情，同时教育引导广大群众，要团结互利，共建美好家园，为邻里关系的健康发展提供一个良好的外部环境。

五、结语

改善邻里关系，不是一朝一夕能实现的。它是通过国家、个人不懈努力才能达到的。对我们每个人来说，融洽的邻里关系能够为我们提供愉快、顺心、舒适的生活氛围和环境，使我们保持积极、健康的状态。做个好邻居并不难，将心比心，善待他人，这既是中华民族的传统美德，也是现代社会成员良好品质风貌的特征。

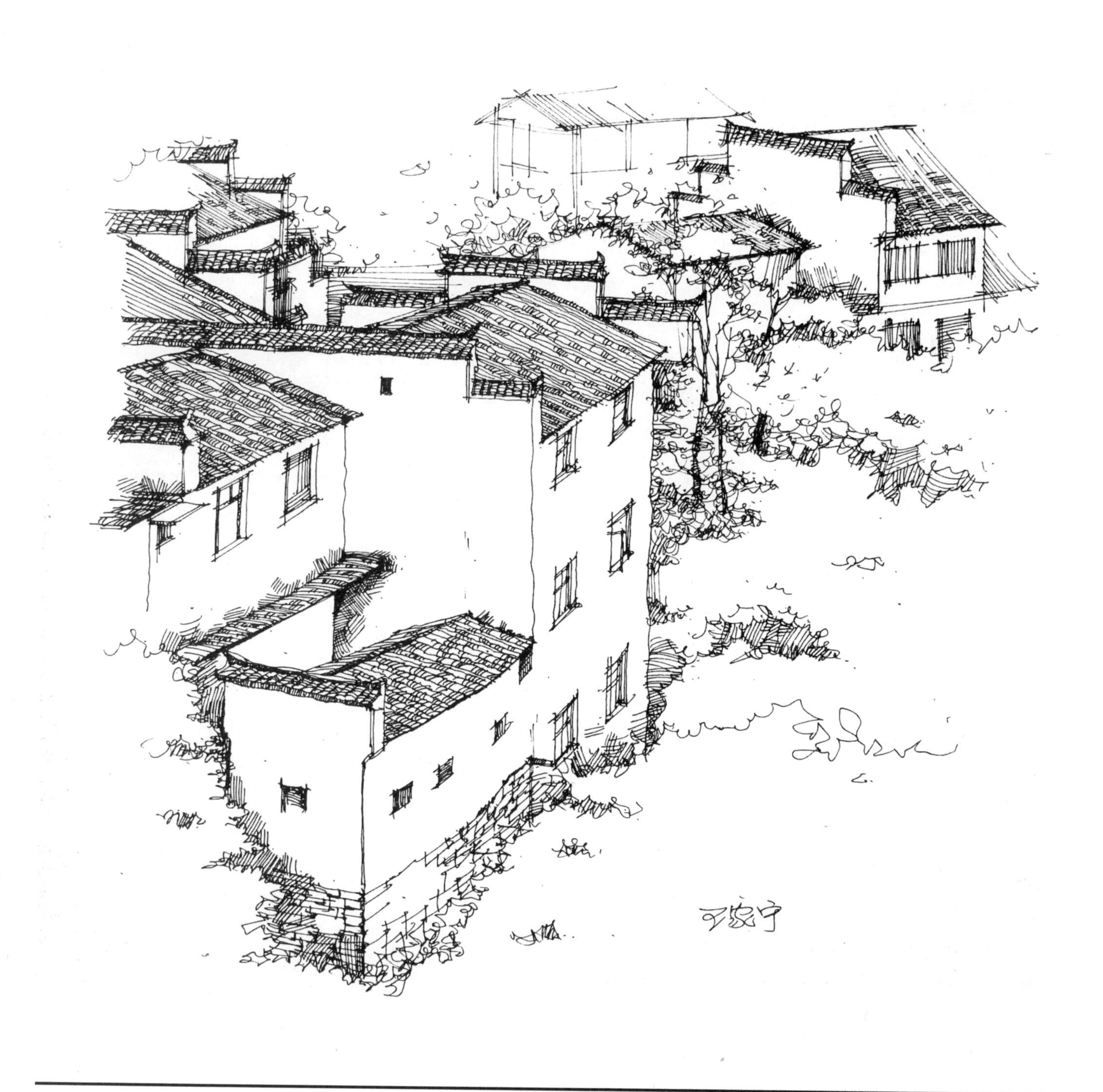

图2 阳山古村速写（二）

王冠强 天津美术学院设计艺术学院2010级硕士研究生 导师：彭军教授

个人简介：1986年7月出生于山西省平遥县。2006年考入天津美术学院，就读于环境艺术设计专业，2010年获学士学位。同年考取天津美术学院环境艺术设计系硕士研究生，专业方向：景观艺术设计与理论研究，导师：彭军教授。

个人陈述：我们总习惯性地用“恰到好处”这样的词去肯定身边的事物，这样的意识实际是在从视觉印象到心理暗示的过程中产生的。人类发展到今天已将更多复杂的感情融入自己创造的空间中，随着这种从视觉印象到心理暗示过程的展开，人类便逐渐失去最单纯、最原始的心理感受，而重新找回空间中感情表达与心灵体会之间的那种“恰到好处”就成为我们对完美空间的全新追求。

宗族思想的回归——宗祠在湘南古村落建筑中的地位

村落在中国甚至世界的范围内随处可见，在人类生活中扮演重要的角色。它使一部分人走向成功、走向文明，当然它还保留着自己的传统，形成不可忽视的力量，那就是宗族的传统思想。

在起初看到板梁古村的时候首先想到的是“部落”、“群居”这样的聚居关系，在这里用“部落”似乎有些不够准确，但是这样的屋舍分布和疏密关系似乎在向“外来的”人们传递着一种不可言说的人与人之间的关系，那就是宗族姓氏与村落的关系。

将这一重要的传统关系得以体现的就是村落建筑中不可或缺的祠堂，我们常听到“李氏宗祠”、“宋氏祠堂”等，可见祠堂与姓氏的关系非同一般。一般来说，祠堂一姓一祠，在湘南族规甚严，别说是外姓，就是族内妇女或未成年儿童，平时也不许擅自入内，否则要受重罚。祠堂内的匾额之规格和数量都是族人炫耀的资本。有的祠堂前置有旗杆石，表明族人得过功名。

同样的风格，不同的等级，宗族意识下的祠堂在湘南古村落中独立并统一。

在湘南的村落中，宗祠的设立反映出村落的居住结构基本上是以一个姓氏为主。例如阳山古村就是以何氏聚居为主，聚族而居这种聚居方式是构成湘南地方文化色彩的最重要因素，受到特殊地理、气候环境的影响，他们耕作与战争结合，集体互助的生活方式培养了湘南先民为抵御自然灾害，争夺生存空间的强烈群体意识，这样的意识随着婚配传承与时间的推移便形成现在我们所说的血缘意识。血缘意识就意味着一种团结和和谐，这种同宗同祖连成一片，展示出来的村落布局、建筑样式、居住形态等都受到这种意识的影响，在湘南民居大型村落中每家每户的建筑等级装饰风格等都几乎一致，并没有为炫耀财富或张扬功勋所独立出来的特殊居住性建筑，因此也就形成具有统一的极具地域文化特征的建筑艺术品，尤其是每村体现血缘关系的宗祠建筑。

通常我们在提到祠堂的时候都会将其与祭祀祖先联系在一起，其实祠堂在湘南村落中除了“崇宗祀祖”之用外，各家子孙平时有办理婚、丧、寿、喜等事时，也可利用这些宽广的祠堂作为活动之用。甚至像登科及第这样的喜事，

参考文献

杨华著.湘南宗族性村落的意义世界. 济南：山东人民出版社，2000.

是一定要在宗祠中告慰先祖的。就像庆贺某户何氏子孙考取大学的对联就醒目地贴于何氏宗祠的门口（图 1）。

公共建筑中的祠堂，无论在院落布局、建筑等级及其建筑本身的装饰构件都反映出祠堂在村落中的特殊地位。

如果将湘南建筑粗略分为民居建筑和包括祠堂、庙、亭、桥、阁等在内的公共建筑两大类，那么祠堂在公共建筑中所扮演的角色便是举足轻重的，不仅左右村落的规划布局，而且建筑体量宏大、壮丽，综合了建筑、雕刻（图 2）、绘画等多种艺术和技术，成为湘南民居建筑艺术的代表，具有极高的社会历史和文化艺术价值。祠堂建筑在村落公共建筑中取得的重要地位不仅源于湘南人团结协作的宗族精神和血缘意识，还得益于宗族制度的结构。宗族制度的结构形式是以家庭为圆心逐渐向外扩大的同心圆式层累式结构，一村一姓，同祖同宗，有公田、公山、公水，祠堂作为公共祭祀的场所，这样便成为奠定祠堂建筑重要性的另一源泉，这些等级上的区别可从祠堂建筑的院落布局和其装饰构件两方面得以体现。

一、从祠堂建筑的布局形式和建筑等级来看，湘南祠堂在村落中的地位显而易见

例如，郴州汝城县土桥李氏宗祠，其整体院落坐西朝东，横跨三个开间，纵深为三进砖木结构，东西长 32.31 米，占地面积 364 平方米。由门楼、前厅、中厅、后厅、天井、厨房组成。如此规模等级的院落布局只有在代表同宗血亲的宗祠建筑中才得以体现。无独有偶，拥有如此规模和布局的建筑院落还有汝城县城郊乡范氏宗祠，其始建于明成化乙巳年（1485 年），占地面

图1（上） 板梁古村木雕
图2（中） 何氏宗祠
图3（下） 板梁古村民居天井

积 1794 平方米，建筑面积 907.2 平方米，三进三开间，内有两个天井（图 3）。前厅紧靠大门。门楼高大宏伟，斗栱森列，飞檐凌空。双龙戏珠、双凤朝阳的门梁镂雕精巧、工艺细致、气势恢弘。门上悬挂着“翰林第”、“荣禄大夫”、“谏议大夫”、“通政大夫”、“朝议大夫”、“振威将军”等匾额，门前双石狮拱卫，庄严肃穆。

湘南古民居的祠堂里大多进大门就有戏台，隔着天井面对享堂，享堂和两边的廊庑就成了观戏席位。随着时代的发展，宗祠中的祭祖活动也与新春庆贺活动相结合，因此戏曲则成为这些活动中不可或缺的一部分。

二、从祠堂建筑的装饰构件反映出祠堂建筑在村落建筑中的重要等级

汝城县城郊乡朱氏祠堂（图 5），其坐落于汝城县城郊乡津江村口，祠堂坐西朝东，布局规模三进三开间，砖木结构，值得一提的是朱氏宗祠建筑中集木制、木刻、木雕、石制、石刻、石雕、泥塑等于一体，可谓精巧秀美、古色古香。在入口处写着“朱氏祠堂”字样的匾额上方雕刻八仙主题的人物形象，采用传统的木刻装饰手法，技艺豪放却不乏细节，与入口门头的建筑构件及彩绘纹饰浑然一体；入口处的狮子造型石刻是典型的南方石刻造型风格，在素朴的石质造型上加以夸张的色彩点缀，使得狮子造型更添雄壮威猛，一对神兽分别屹立于入口左右两侧，为祠堂无形中添加了庄重和肃穆（图 4）。无论是祠堂本身的院落布局，还是建筑等级及其建筑风格和艺术特色均是上乘，均具有较高的历史、艺术和科学价值。

三、结语

湘南，无论是其独特的地理、气候因素或是集体耕战、团结互助的生活方式培养的湘南人经久不变的宗族意识，还是随着婚配传承与时间的推移形成的血缘意识或是某种神秘的宗族力量，都让我们为之震撼。在感慨湘南古村落的宗族祠堂恢弘素雅、精妙绝伦的同时，感悟到的是那种团结和谐，以及同宗同祖的生活方式（图 6）。这里已经很难分辨出是这种传统的宗族力量成就了祠堂建筑在众多村落建筑中的重要地位，还是这恢弘肃穆、错落有致的祠堂建筑本身为宗族意识带来物态上的尊崇。

大到祠堂建筑的院落布局，小到建筑及其装饰手法，宗祠都仿佛是湘南人的精神归宿，无论在动荡乱世保卫生命财产的需要，还是在世道昌明之时维持人际关系的融合，宗祠在湘南人的生活中都起过重大教化作用。对宗祠建筑文化的推崇，是宗族思想和血缘意识的回归，更是对当下社会发展中意识形态的反思。

图4（左） 板梁古村石雕
图5（右） 朱氏祠堂

图6 板梁古村

图6 板梁古村

湘南学院

艺术设计系

范迎春 湘南学院艺术设计系教授

个人简历：1968年7月出生，湖南省道县人。中国共产党党员，湖南省湘南学院艺术设计系主任、教授，湘南学院艺术设计学科带头人。中国建筑装饰协会设计委员会副主任委员，湖南省设计艺术家协会理事，湖南省科技厅项目评审专家，研究方向为城市景观、历史建筑及村落。

个人陈述：我们研究湘南民居的目的是为了保护和发展这一中华民族建筑文化的瑰宝。保护可以从两个层面进行：一层是直接保护现存古民居的形态和环境；另一层是继承传统民居建筑的精神和文脉。而正确认识保护和发展的关系则是摆在我们研究者面前的困难而重大的课题。

湘南民居概况

传统聚落是人们聚集生息、生产的居住载体，是中国社会结构和城镇发展的基本细胞，在中华大地上分布最广、文化积淀最深厚的乡村聚落群体是我国传统文化中的宝藏，是中华灿烂文明的重要组成，更是各地城镇发展的历史记忆和地方文化之本，因此具有极强的研究保护价值。

湘南民居聚落作为传统民居聚落的一部分，通过其自身的地理历史环境和文化传统表现出自己的特色。聚落从选址布局、空间结构层次、技术处理到美学、环境地理学、民俗文化、地域文化等方面都有着特殊的研究价值和实际意义。

一、地理气候概况

湘南泛指湖南南部的郴州市、永州市及衡阳市南部诸县。其特点以山丘为主，岗平相当，水面较少，俗称七山一水二分田，境内河谷密布，是湘江、珠江流域的分流区。湘南位于南岭中部，山地丘陵面积占总面积的近四分之三，地势东南高西北低，东南部分以山地为主体；西北部为丘陵和石灰岩地貌，岗地、平原为主。

湘南位于北纬24°~26°50′，属中亚热带季风性湿润气候区。因南北气流受南岭山脉综合条件(地貌、土壤、植被、海拔）影响，太阳辐射形成多种类型的立体分布，垂直和地域差异大，具有四季分明、春早多变、夏热期长、秋晴多旱、冬寒期短的特点。多年平均气温17.4摄氏度，平均雨量1452.1毫米，比全省平均数量多19.7毫米，为全国多年平均降水量的2.22倍。湘南地区气候温暖湿润，山清水秀，风光旖旎，历来被誉为“四面青山列翠屏，山川之秀甲湖南”。

二、民居分布概况

湘南古民居主要指明、清以来尚存的古民居村落及单体民居和公共性建筑；湘南古民居建筑主要分布在南岭山脉的山区和丘陵地带。

从现存的古民居建筑风格分析、该地区东南方向民居受客家文化、南粤文化的深刻影响，它装饰夸张，色彩丰富；西北方向的民居大都以中庸、端庄、方正、大型院落为多。

郴州主要分布在汝城、桂阳、临武、宜章、桂东，其中比较完整、且规模大的村落保存下来的古民居有上百栋，典型的古民居村落为永兴县马田镇的板梁村、桂阳县正和乡的阳山村、城郊乡的魏家、三阳村、庙下村，嘉禾县的广发村，临武县的郭家村，宜章县白沙圩的腊园村、天塘村，汝城县的下湾村、金山，桂东县的聚龙居，苏仙区栖凤渡镇的岗脚……

永州主要分布在零陵区、江永、江华、宁远、道县、祁阳等县。主要有永州市零陵区富家桥镇干岩头村的周家大院，永州市宁远县冷水乡的神下村、黄家大院，道县清塘镇的楼田村、龙村，江永的上甘棠村，祁阳龙溪的李家大院……

衡阳常宁市庙前镇的双头村，衡东的鹅形大屋和肖家大院，衡南宝盖乡民居群落。

三、代表性民居聚落简介

1. 永兴县马田镇板梁古村

板梁古村位于郴州市永兴县高亭乡境内（图 1）。始建于宋末元初，鼎盛于明清，距今有 600 多年历史，全村同姓同宗，为汉武帝刘氏后裔，是典型的湘南宗族聚落。整个古村占地 3 平方公里，背靠象岭平展延伸，依山就势，规模宏大，村前视野开阔，小河绕村而下，三大古祠村前排列，古驿道穿村而过，石板路连通大街小巷。村前有七层古塔，进村有石板古桥，村内建有庙祠亭阁，旧私塾，还有古商街、古钱庄。村内至今仍保存了 360 多栋完好无损的明清历史建筑，这些历千劫而不倒的古民居，栋栋雕梁画栋，飞檐翘角，无论是它的水磨青砖，还是门当户对，或者是它的砖雕、石雕、木雕，其工艺都十分精湛，让人叹为观止（图 2）。

2. 桂阳县正和乡阳山村

阳山村位于桂阳县正和乡境内，占地 10000 余平方米，现存古建筑 60 余栋，5000 平方米（图 3）。

阳山村为中国十大古村之一，自明朝弘治年间始建，至今已逾 500 年，因其祖先从江西庐江郡迁徙而来，子孙繁衍聚族而居，故有“天下客家第一村”之美誉。

村落座北朝南，依山造屋，傍水结村，小溪流贯全村，谓之“金带环抱”。房屋结构严谨，错落有致，屋檐飞翘，雕梁画栋，在通风采光，排水防火处理上独具匠心。壁檐彩绘，木雕石刻，精致素雅，历数百年沧桑而不毁，实属罕见（图 4）。

村落在布局上讲究“天地人和”，结构上体现儒家“中和”思想，是民俗文化与建筑的完美结合。

3. 桂阳东城乡庙下村

庙下村位于桂阳东北部的东城乡，整个村落东西长800米，南北宽500米，占地面积达6万平方米。始建于宋朝（公元1008年），目前保存古建筑220栋，现存最早的建筑建于明万历三十年（图5）。

村落的东、南、西三面青山环抱，北为田园旷野。溪水穿村，家常日洗与消防兼备。以四条纵巷一条大横道，形成一个“册”字形（图6）。

（1）庙下建筑有很高的历史价值。有万历年间铭文砖，非常稀少。排水、排污、生活、灌溉等系统都完备。

（2）艺术价值。其浮雕、木雕，不管是神龛还是大门上雕刻都相当的好。对联保存也众多，文化内涵足。

（3）科学价值。其选址科学，环境优美。巷道比较科学，防火消防通道布局合理。

（4）村落保存种类系统完整。民居、祠堂、凉亭、路、井、钟楼皆有且村落保存相当完整，村中间无太多新建筑。

4. 桂东县贝溪乡的聚龙居

桂东县贝溪乡的聚龙居是客家围屋在湘南地区的典型建筑，是兼家、堡、祠合一的大体量建筑群（图7）。

该聚落占地三十余亩，悬山式土木结构，风火同墙，二进厅，大小居百余间，中厅藻井彩绘，后为花厅格扇，正厅、后厅、书房、卧室、厨房、储藏室外、杂役庄丁住室、马厩、厕所，住宅保暖、避风、防尘、排水、防火等设施齐全，建筑集湖南、江西、广东、广西民间建筑之大成（图8）。

5. 宁远县城郊黄家大院

黄家大院位于宁远县城郊，距舜帝陵15公里（图9）。整个聚落结构严谨、构造奇特。建于清道光21年（1841年），砖木结构，马头墙，共有218间，飞檐216顶，房屋套套相通，房房相连。院内36口天井环连，青石铺地，木雕门窗，素色雕刻，手工精美，古色古香，为典型的清代民居建筑群。具有较高的历史和艺术价值（图10）。

图1（左上） 图2（左中）
图3（左下） 图4（右）

图5（左上） 图6（右上）
图7（左中） 图8（右中）
图9（左下） 图10（右下）

张光俊 湘南学院艺术设计系教师

个人简历：毕业于湖南师大美术系艺术设计专业，硕士学位，湘南学院艺术设计系副主任、副教授，湘南学院建筑设计研究所所长。中国建筑学会会员，湖南省设计艺术家协会环境艺术委员会理事。

个人陈述：研究湘南古民居，除了研究建筑空间结构、建筑形式、建筑材料以及其承载的人文内涵外，最重要的是学习先人对待建筑的态度，对建筑以及建筑所处的环境怀有崇敬之情，才能营造出有价值的建筑。

湘南古民居的道路交通系统研究

摘要：湘南地区的古民居建筑，在村落布局和建筑规划中，充分考虑到道路交通系统的科学性与合理性，将人的社会活动与自然环境有机地结合起来，体现出富有地方特色的人文思想和生活习惯。

关键词：道路交通，务实，文化

湘南古民居的道路交通系统是指包括村外交通系统和村内交通系统在内的人为建造的交通体系，本文主要对村落内部的交通系统进行研究。

湘南地处南岭山脉北麓，山高林密，交通不便，素有“船到郴州止，马到郴州死，人到郴州打摆子”的说法，被认为是“农惰、工拙、商贾断绝之地”，是历朝遭贬文人士大夫流放之所。湘南先民崇尚自然务实的生活态度，“穷则独善其身，达则兼济天下”，“日出而作，日入而息”。湘南地区的村落大多以姓氏和宗族为单位实行聚居，“父子兄弟多族居，或至百口，盖其俗朴古然而也”[《桂阳直隶州志》]。自然环境、人文内涵和经济基础决定了湘南民居古村落交通系统的特征，也促使村落的交通系统的建设日趋完善。笔者试从以下几个方面来进行论述：

一、道路

进出村落有一条相对宽大的道路，称之为官道，一般设在村落前方，是进出村落的必经之路，也是联系外界的唯一纽带。道路以碎石和泥土铺设而成，亦有青石路面。官道是村落的“颜面”，官道的宽窄和好坏直接影响宗族的形象，因此由宗族内部共同维护和修缮。进入村落前一小段距离处，常设有凉亭，多为石柱框架，覆盖青瓦或毛石。凉亭主要供途经路人歇息之用，也是对村落范围的界定。此外，凉亭还有风水功能。

村落入口处一般设有朝门，是正式进入村落内部的标志。在朝门外设有拴马石，外来人员在此下马落轿，徒步进入朝门，以示尊重。朝门体量不大，但十分考究，多为砖木结构，防御性较强的村落朝门还采用青砖、青石构建，使其更为牢固。如果族中出了名人，还会在朝门外建立牌坊，或直接以牌坊代替朝门，以示旌表传颂。朝门的另一个作用是确定村落的朝向。

参考文献

[1] 丁俊清.中国居住文化.上海：同济大学出版社，1997.
[2] 汤国华.岭南湿热气候与传统建筑.北京：中国建筑工业出版社，2005.
[3] 吴庆洲.建筑哲理、意匠与文化.北京:中国建筑工业出版社，2005.

二、桥梁

湘南地区多山多水，大多的村落有小溪、小河绕村而过，道路在跨越时就会架设桥梁。桥梁一般有梁式和拱式两种形式。跨度不大的小桥，多以青石板或木板、树干直接搭过，稍大石桥借助于桥墩，分成若干跨，如永兴县马田镇板梁村村口石板桥，桥身分成两跨，每跨桥身由三块宽大石板组成，每块石板长四米有余，宽约七十厘米，厚达三十厘米。如果是较宽的河流和汛情较大的溪流，则以石拱桥构建，湘南地区的石拱桥多为圆拱，起拱较高，多在半圆以上，为行洪泄洪之便，主要是该地区河面狭小，雨季水流量大的特点决定。拱桥有单拱和多拱之分，主要根据河面宽窄而定。如郴州市宜章县的寡婆桥，汝城县热水镇的仙人桥等。

三、街、巷

街巷是村落内部的主要交通系统。单体建筑之间的地面间隙，正、背立面之间为街，侧立面之间为巷。湘南地区的街巷都比较窄，宽约 1 ～ 2 米，一般街比巷宽，有“大街小巷”之说。巷道狭长笔直，主要功能是交通，而街还有建筑门前庭院的功能，可以堆放一些杂物，亦可作纳凉歇息等一些简单活动的场所，因此较为宽敞。街巷的分布尽可能规范、平直，平坦地区的村落街巷形成“井”字形，交通十分便捷。山区或者丘陵地区的村落，地势较为复杂，街巷的分布受地势的影响富于变化，街一般在同一水平高度上，随着建筑物的前后错落而弯弯曲曲。巷道则由于地势的影响前低后高，有缓和的坡度，坡度较大处以台阶进行连接。街巷路面采用当地的青石板铺设，平整方正，有的还在表面凿些线条作防滑处理。由于建筑物外形十分相似，街巷也十分接近，较大的村落内部，街巷四通八达，蜿蜒曲折，像迷宫一样，如果没有村落内部的人引路，外来人员不敢擅自进入。

四、门、廊

门是建筑物内部空间与外部空间或者建筑物内部不同空间之间的联系。依据封建礼制，门分成若干个等级，大门的级别是最高的。在湘南民居中，大门设计十分考究，大门的朝向就是建筑物的朝向，多朝正南方向开设，讲究风水，并且与主人的生辰八字相符。进入室内要跨越门槛，大门门槛多为青石制成，一般较高，象征屋主地位，亦有守气纳财之说。大门是建筑的主要交通要道，一般重要的活动必须由大门出入。大门外侧部分设有廊道，内侧部分设有过厅，均作交通停顿之用，可缓解交通压力。如果是多进多天井建筑群，还会设有多重大门，当然，级别是逐渐降低的。

二进以上的较大体量建筑物设有腰门，腰门设在前后两进的交接处。如是多进，则有多个腰门。腰门对称出现，连接的是巷道。腰门的地位次于大门，在进深较大的房间中缓解了大门的交通压力，使家人出入方便。

在建筑物的后方，设有后门，规模很小，多为单页门，平时很少打开，只为方便之用。室内各房间的入口设有一扇简易小门，门框、门页、门槛均为木作，体量很小，便于开关，也少有装饰。

屋檐下的过道或独立有顶的通道称为廊(《辞海》)。廊在湘南民居中也很普遍,主要出现在较大公共建筑物的正面,暗间墙体向内收缩形成廊道，可以解决人多时出入、休息时带来的压力。廊道地面稍作抬高，以石阶与街道相连，一般为三级，公共建筑级数更多，更显威严。廊道上空多以柱头支撑，形成一个半敞开式的庭院，廊道内沿墙角处设有石凳或木凳，供人歇息。另一种廊道体现在受客家建筑影响较大的封闭的村落或大型民居中，此类建筑对外十分封闭，内部浑然一体，各单体建筑之间四通八达，相互连接，在一些相互连接的街巷庭院上空设有屋顶，既是围廊，又可以遮风挡雨。有的在单体建筑之间的二楼和三楼亦设有廊道，主要目的是为了使建筑浑然一体，能更好地共同防御外敌入侵。

湘南古民居的交通系统是湘南先民在长期的实践过程中，根据宗族自身的特点，利用环境，改造自然的智慧的结晶。它以“天人合一”的思想为指导，利用科学的手段，结合具体的材料和工艺，将人的社会活动与自然环境有机地结合起来，体现出富有地方特色的人文思想。它在满足生活需要、保护宗族利益、加强与外界沟通、促进邻里关系以及建筑美观等方面均起到了巨大作用。

杨萍 湘南学院艺术设计系教师

个人简介：1981年2月出生于湖南耒阳。2008年毕业于湖南师范大学美术学院艺术设计理论专业，获文学硕士学位。同年应聘到湖南省湘南学院艺术设计系担任设计理论教师，工作至今。

个人陈述：中国几千年来的儒道思想对传统建筑的影响极其深远，它不但影响了传统建筑的样式，更影响了中国人的建筑理念。这是前人留给我们的宝贵财富。面对当今日益全球化的影响，中国传统建筑不应该成为过气的老古董，建筑师应肩负起中国传统建筑文化现代化的使命，这就要求我们对中国的传统文化，尤其是传统文化的精华有较为深刻的理解，清晰地认识中国传统建筑文化的本质内涵，为继承及发展创新开拓新的思路。

湘南民居印象之板梁随想

金秋九月，微风拂面，在一个风和日丽的清晨，沿着蜿蜒幽僻的乡间小道，我们一行来到了一个有着六百多年历史的村庄——板梁古村，这是我们此次考察的第一站。

初见板梁，一切都是新鲜的。古村背山面水，依势而建。周围草木葱茏，绿树成荫，一条小河绕村而下，流水潺潺，润泽万物（图1）。河上横跨着一座古朴的石桥，石桥连接着地气也联系着两岸的人们（图2）。远处阡陌交错，鸡犬相闻，好一派优美的江南田园风光！走入古村，映入眼帘的是数百栋历经劫难而屹立不倒的明清建筑。那高耸飞翘的马头墙，层层叠叠，错落有致，宛如一群孤傲的文化斗士，在岁月无情的摧残中顽强拼搏着（图3）。那狭窄幽暗的巷弄，努力投射出一丝闪亮的光芒，试图照耀出艰难前行者的方向（图4）。那年久失修的厅堂，就如一位饱经风霜的老人，用他宽厚的胸怀接纳所有的世事沧桑。在板梁，每一栋建筑都有一个动人的故事，引人驻足，发人深省。依稀中，我似乎看到：望夫楼上望穿秋水，盼夫归来的女子；私塾里十年寒窗，悬梁刺股的莘莘学子；忠烈亭里为国捐躯，正气浩然的英烈们。故人已逝，岁月最是无情，曾经的繁华终成没落。走在古人走过的青石板上，穿梭在古人穿梭过的空间里（图5），心情竟然莫名地伤感起来，百年之后，我们的后人还会对我们曾经生活的空间产生兴趣吗？他们会踏寻我们的足迹追忆我们曾经的风光吗？今天的我们都已经住进了由钢筋混凝土所构建的水泥森林里，曾经美丽的山林被无情地“三通一平”。曾经动人的河流如今却被残忍地截弯取直，河岸做上铺装，原本生机勃勃的水际变得寸草不生。曾经长势喜人的稻田竟然一夜之间长

图1（上） 依山傍水的板梁古村
图2（中） 进村的石桥与望夫楼
图3（下） 飞翘灵动的马头墙（丁磊 速写作品）

出了高楼，嘈杂的机器声取代了“蛙声一片”的美妙。生长了几十年的树木随意被砍掉取而代之的是宽阔的大马路、高耸的摩天大楼。我们生活的城市已经变得面目全非，失魂落魄。它还是我们能够诗意栖息的场所吗？它还能够成为我们心灵精神的家园吗？住在四面都装上防护网、大门紧闭的“火柴盒”里我们真的觉得快乐吗？我们已经不可能像板梁古村的居民一样坐在家门口与邻居有一搭没一搭地闲聊，邻里关系的疏远让我们已经不太理解什么叫“远亲不如近邻”。我们也不可能像古人一样闲云野鹤般地行走，今天的我们生活在各种各样巨大的空间里，宽马路、大广场让我们无处遁形，飞驰而来的汽车呼啸而过，行人唯有四处闪躲。噪声、粉尘、垃圾泛滥成灾，呼吸新鲜的空气已经变成一种奢想，在这水泥和柏油铺筑的荒漠中偶然出现的绿洲也能够让我们狂喜不已。我们生活的这个时代到底怎么了？它究竟是进步了还是倒退了？

图4（左）、图5（右上）、图6（右中）、图7（右下）　丁磊 速写作品

在板梁众多古建筑中给我印象最为深刻的是清朝三品大官刘绍苏的府第，这是一栋典型砖木结构的三进式湘南民居，跨过高高的门槛，进入刘家的堂屋，堂屋窗户上的木雕精美细致（图 6）。穿过堂屋，看到一个天井，天井“四水归堂”（图 7），讲究的是蓄财养气，天井底部有“鲤鱼跳龙门”的砖雕，表达了农家孩子渴望通过努力改变命运的美好心愿。信步跨上台阶则是刘府的三进，三进两旁各一个侧天井，两厢住房对称排列。整个建筑富丽堂皇、威严气派，精美的彩画、木雕、砖雕、石雕数不胜数（图 8），置身其中，我惊叹于主人建造自己家园的虔诚态度，他可以做到如此细致、体贴。从布局到选材再到装饰，精益求精，光雕刻一项，足以耗费数年光阴（图 9）。而今天我们对待自己的家似乎草率很多，拉个装修队两个月就完工了。真不敢想象一百年以后，我们的后人来到我们曾经居住过的房子里还能够看到什么，还有什么能够打动他们，让他们唏嘘不已。

怀着略微惆怅的心情，我登上了返程的客车，客车缓缓启动时，我转过头望着即将消失的村庄，在青山绿水的映衬下，板梁就如一幅优美的水墨画（图 10，图 11），清新淡雅，脱凡超俗，如诗如梦……

图8（左上）
图9（左下）
图10（右上）
图11（右下）

黄智凯 湘南学院艺术设计系教师

个人简介：1982年出生，湖南株洲人，2008年毕业于中南林业科技大学，获得园林设计专业硕士学位，现任教于湘南学院艺术设计系景观设计教研室。

个人陈述：在历史的浪潮中，传统文化正逐渐走向衰落甚至消逝。在西方文化、现代化思潮的冲击中，我们应该保持清醒的头脑，保持清醒的文化主体意识；汲取外来文化的营养，进而充实、发扬传统文化。

湘南传统聚落——不可再生的历史文化遗产

摘要：聚落是自然、历史、社会、文化等因素共同作用的产物。在历史的车轮中，社会、经济、文化正在义无反顾地向前奔腾，而传统聚落也正悄无声息地进行着自然演变。在新的社会背景下，大量古村落在社会主义新农村建设、城乡一体化的进程中遭到严重破损，甚至永远退出了历史的舞台。抢救古村落，保护宝贵的历史文化遗产，已成为重要课题。

一、概况及现状

湘南传统聚落是先人留给我们的一笔珍贵的不可再生的历史文化遗产。它是一幅由青山绿水构成的美丽画卷，是一篇用青砖灰瓦书写的诗意文章，它更是一段鲜活的历史。作为饱含沧桑的传统聚落，积淀了多少形形色色的文化和生活，诠释了湘南传统文化独特的历史价值，是湘南传统文化的物质载体。

散落在郴州的这些古村落凝聚了郴州人民的勤劳与智慧，见证并彰显了郴州深厚的历史文化底蕴。在建设宜居城市、宜居城镇、宜居新农村的过程中，亟需保护并利用好这些重要的文化资源和不可再生的珍贵遗产。

就目前所考察的三个村落，其发展模式大概可以分为两种类型。一种是完全商业开发，“政府、企业、村民”共同参与，以企业为主体对村落进行整体包装及旅游开发，如小埠村。另一种是半商业开发，企业仅仅参与了村落的发展规划，并没有完全控制村落的发展方向，商业化也仅限于参观门票等少数项目，如板梁、阳山。

小埠村，企业参与并进行大量的投资，首先对村落进行了重新的规划，将居住区、旅游区、服务区、公共区进行整合；其次将原有破旧的古民居建筑按照湘南民居的建筑特色进行修缮，并且新建了大量的湘南民居建筑；结合楼盘的开发，对小埠村进行大力宣传，吸引游客，从而保证了古村保护的资金。

板梁与阳山，企业帮助村落进行了规划，但是缺少相应的资金支持，古村的民居建筑没有得到良好的修缮，相关基础设施也比较缺乏，游客也比较少。村落的保护基本上还是依靠居民及村落自身。同时正是因为缺少外界因素的干预，板梁与阳山的原始村貌保存得也比较完好，民风朴实，更具湘南韵味。

二、存在的问题

通过对板梁、阳山、小埠三个古村落的实地察看和深入调研，发现湘南地区古村落的保护现状不容乐观，存在着比较严重的问题。

1. 生态环境的破坏

环境承载力、环境容量是有限的，在一定时间内维持一定水准给旅游者使用而不会破坏环境或影响游客游憩体验的开发强度。随着社会经济的发展，人民生活水平的提高，古村落旅游得到迅速发展。但是，由于古村落的空间与容量是有限的，基础设施不完善，大量的游客加上本地居民导致古村落出现拥挤、污染、嘈杂等现象，并最终导致古村落的生态环境遭到严重破坏，从而也失去了自身的特色。

2. 村落格局破坏严重

（1）自然环境的破坏。

经济的发展，人口的增长，促使村落规模不断向外延伸，侵占山体、林地；城乡一体化建设步伐加快，城市大规模的发展扩张，带来的新事物也改变了村落环境，如板梁古村旁的武广高铁线、阳山古村旁的夏蓉高速公路紧邻着古村，彻底打破了古村外环境的格局。

（2）村内建筑格局的破坏。

（新农村建设、城乡一体化）现代化的生活给村落带来了现代化的建筑、现代化的用品、现代化的生活习惯。因为缺少统一的规划，于是在村落中出现了新旧建筑的混合、在古民居的外墙上出现了太阳能、空调等不太协调的现代化产品。

古村落是“古建民居、自然环境、传统文化氛围”的多元统一体，这些不协调的现代化产品夹杂其中，不仅破坏了古村落原有的历史风貌，甚至改变了整个古村落的规划格局，严重破坏了古村落所蕴含的农耕文化内涵。

3. 非物质文化遗产的缺失

非物质文化遗产的保护与开发没有引起足够重视，古村落中很少有人知道本乡本土的历史，很少有人能说出传统的礼仪、风俗，更没有人去关心和继承带有地方特色的民俗风情、传统节日、民间信仰、传统工艺、地方戏曲等。同时，对于古村落的商业开发业仅仅停留在传统建筑、村落自然风光层面上，而对于传统民俗文化、传统技艺的开发较少，没有对非物质文化遗产进行系统整理、挖掘和展示。

三、对策与建议

1. 完善文化遗产教育、宣传工作

加强对古村落传统历史文化、礼仪仪式、风俗习惯的宣传教育活动，让人们了解古村落的历史，继承和发展带有地方特色的民俗风情、传统工艺、地方戏曲等。

要重视并加强对村民历史文化意识的教育与培养，通过建立政策机制、利益机制与舆论宣传机制，进一步提高了广大群众对古村落的保护意识和经济开发意识，引导历史文化保护工作走向全面自觉。

与本土高校的科学研究相结合，借助高校学术资源平台，扩大研究层次与层面，加强对古村落历史文化底蕴的挖掘整理，以理论与实践相结合的形式继承和发扬湘南传统文化。

2. 重视民间组织的作用

积极引导民间组织参与到古村落的保护与开发中来，同时要充分发挥民间组织的作用，鼓励他们继承和发展带有地方特色的民俗风情、民俗活动、传统工艺、地方戏曲等。鼓励各领域学者深入到古村落的保护研究中来。

3. 对古村落采取整体性保护措施

（1）单体古村落的整体性保护

整体保护古村落的传统格局、历史风貌、空间尺度，以及与其相互依存的自然景观和环境，保持其外在形式的完整性与原生态性。保护古村落的聚落文化。物质性的文化与非物质性的文化融为一体，形成聚落文化的活的灵魂。聚落文化的保护要与古村落的物质共同延续、传承和创新。

（2）古村落群的整体性保护

着眼于整个湘南地区的古村落，根据单体的不同特点进行区域性划分，明确分区保护重点，促进区域范围古村落的整体保护的纵深发展。同时根据总体规划要求为区域基础设施配置和相关产业包括旅游发展提出方向。

4. 重视非物质文化遗产的挖掘、传承与研究

古村落的保护不仅仅是对物质文化遗产的保护，更重要的是对非物质文化遗产的保护与传承。

首先要挖掘、统计、整理蕴藏在湘南古村落中的非物质文化遗产，对民间艺术及民间艺人分类建立档案。其次，

学习传承非物质文化遗产。采用文字、图片、录音、录像等方式，全面记录传承人掌握的非物质文化遗产表现形式、技艺、技能和知识等；建立展示交流平台，培养后备力量。加强对非物质文化遗产的体验，通过工艺品展示、娱乐活动，调动大家的感官感受，丰富人们的心理体验，从而增加对非物质文化遗产的认识。

5. 积极引导，科学规划，正确处理古村落保护与新农村建设的关系

古村落的保护是为了保护好传统文化、质朴的乡村生活状态，但不能因此而影响村民的现代化生活质量。我们应当通过科学合理的组织，根据现代化生活的需求，在保持原有历史风貌、保护原有生态格局的前提下，加强古村落基础设施建设，改善村民生活条件。

同时倡导科学、文明、积极、健康的乡风，增强村落的凝聚力，注重保护农村传统文化中的人文生态系统，发挥传统文化的教化作用，并将其转化为精神力量，营造和谐的、文明的社会主义新农村。

王艳梅 湘南学院艺术设计系教师

个人简介：汉族，2008年6月广州美术学院艺术设计专业研究生毕业，获硕士学位。现任湘南学院艺术设计系教师。湖南省设计家协会会员。

个人描述：兴趣爱好广泛，乐观向上，平时爱旅游、爱运动、爱山、爱水、爱大自然！在自然中沉淀思想，在有限的空间中进行无限的创意！

以道载乐——不可再生的历史文化遗产

摘要：湘南民居以其独特的地域文化及建筑形式屹立在青山绿水间，经历了数百年的沧桑，依然浑厚而具有灵性，一幢幢保存完好的民居，上翘的马头墙，雕梁画栋，雅致却又不失朴实。湘南古民居是具有强烈地域特色的传统文化，是湘南先人们智慧的结晶，是当地特有的民俗文化的集中体现，是封建礼制的一个侧影。同时，在湘南古民居中蕴含着千百年来的民族传承、人文精神以及哲学观，是中国“乐感文化”的体现。

一、中国“乐感文化”的阐析

美学家李泽厚曾说：中国文化是“乐感文化”。这是相对西方“罪感文化”而说的。在中国的“乐感文化”中，“乐”有着极其重要的哲学意义。孔子说：“仁者乐山，智者乐水”，一个“乐”字概括了中国“天人合一”的审美境界，表达了对生活的豁达态度、对生命的尊重，对人生及世界的肯定。“乐感文化”作为一种文化精神，关注自然，强调人与人的和谐、人与自然的无限和谐，达到“天人合一”的境界，从而在精神达到愉悦。这是一种精神上的超越。中国“乐感文化”的“乐”，追求的是在艺术中“人”与“道”顺应之后“养吾浩然之气”的宁静，是超越于感官刺激的“形而上”的直指人心的享受。

好的建筑是一幅动人的立体画，居住在其中心旷神怡，恬然自得，享受融入自然的“天人合一” 的快乐。湘南古民居无疑就这样的一种建筑。

二、湘南古民居建筑的“乐感文化”分析

1. 湘南古民居的地域特色

湘南古民居主要是以湖南的南部郴州为中心，包括永州大部分及衡阳、株洲部分县市，其区域内明清以来尚存的古民居村落及单体民居和公共建筑。郴州，自秦以来被称作是“林中之城”，充分说明了郴州的以丘陵为主，多山的地形特色。基于对湘南古民居的研究，特考察了保存较完好具有代表性的郴州市永兴马田镇的板梁古民居、桂阳县正和乡境内的阳山古民居。通过对这两处古民居的分析与研究，进而探求其内涵及“乐感文化”的精神。

板梁古民居是一处始建于宋末元初规模宏大、保存完整的明清古建筑村落。村庄以古祠堂为中心点，依长条形起伏的山延伸而建的民居有两百多栋。村边清溪环绕，村中小桥流水，雷公泉从村后的象鼻山处流出，青石板路贯通整个村庄。村前的古塔、村内的寺庙、宗祠、村边的石井叙说着村庄的历史。

阳山古民居始建于明代弘治年间，成于清康乾盛世，盛于道光年间。整个村落背山面水，溪流像玉带在村间环绕，房屋前后错落有致，屋角飞翘，彩绘于其上。门楣上、窗上、柱子上精美的木雕栩栩如生。

2. 湘南古民居中“乐感文化”的体现

湘南古民居其精神与构成实质与中国“乐感文化”出自一体：由于民族宗法血亲传统遗风的强固力量及长期延续，以及农业家庭小生产为基础的社会生活和社会结构的牢固保持，决定了中国文化“实用理性”的特征，并逐渐转变成文化一心理结构，影响着古民居的建筑。通过前期对湘南古民居的实地考察发现在湘南古民居中无论是从古民居的选址、外形特点、建筑结构及内部装饰等方面都渗透着中国的“乐感文化”，下面我们就从这几个方面进行详细的分析。

（1）村落选址及外形

湘南古民居村落大都周边环境优美，与天地山水连成一体，充分地将中国“乐感文化”——“仁者乐山，智者乐水”体现得淋漓尽致。在有水源的地方，依山取势而建的民居村落，有着良好的生态环境：阳光充足，植被茂盛。由于民居建筑外形在造型上并不夸张，只有高高的马头墙，上翘的飞檐，在苍翠的山林中显示出历史沧桑，给自然的景物增添了人文的气息。同时从这点上看出对“乐感文化”的追求，建筑的外部造型朴实无华，讲求实用，马头墙作为防火的功能而存在，在实用的基础上进行变化，以达到与自然环境的和谐而不突兀。而优美的自然环境又为民居增色，形成人景一色、人在景中的和谐画面。极目远眺，山清水秀，而古民居点缀在其间，像璀璨的明珠。当晨间薄雾轻浮，炊烟袅袅升起时，仿佛美丽的水彩风景画。

（2）建筑结构特点

湘南古民居基本围绕祠堂为中心以宗族血缘关系向周边扩散。单体建筑沿袭了徽派建筑、客家建筑的特色，厅堂、天井、庭院组成递进式的纵向空间关系。以天井为中心的对称式结构，上堂、下堂、上下房和厢房等生活居室环绕在天井周围（图 1）。天井这一结构在功能上起到采光、通风和排水的作用，是相对密闭的居室延伸的空间，是贯通生命与自然的空间，是“乐感文化”中建筑与自然，人与自然联系紧密的一个地方。人在靠近天井处，踏着厚实的土地，仰望着深邃的天空，多少志向情怀随之升起（图 2）。此时，天、地、人合为一体，人会感觉到拥有来自大自然的无穷力量。而在房屋与庭院之间存在一个“灰空间”层次，在这里是生活情趣的空间聚集点，人们平日的休闲娱乐、交流，聊天纳凉，儿童的嬉戏之地。在庭院中或种葡萄，或种花草，蝴蝶、蜜蜂在花丛中飞舞，人在树阴下闲聊，其乐融融，在人与自然的和谐中寻求快乐。

公共建筑方面以面积较大的祠堂为主，多为合院式建筑，主要建筑在中轴线上，前有大门、戏台，中部是享堂，寝室分布在最后面，左右是有着观戏席位的廊庑。每年都有数次重要的仪式或是喜庆的活动——祭祀、婚嫁、寿宴、舞狮龙、唱大戏等在祠堂举行。祠堂可以看做是一个精神寄托与凝聚的地方，同时也是反映了湘南人民“乐山”、“乐水”、“物之乐”的生活态度。在平淡的生活之余，自娱自乐的平实生活方式。

（3）材质与色彩的运用

湘南古民居在建筑及装饰材料上因地制宜，多采用湘南一带盛产的石料及木材为主，如青石、青砖、青瓦、木板等（图3）。强调其材质实用的本色，青石在湘南民居中被广泛运用，大大小小的青石板路连贯全村，石鼓、石门槛、石柱础、基石、道路、桥梁、天井及公共建筑等青石筑物随处可见，并在上面雕以纹饰。青砖耐用坚实、青瓦厚实等特性充分地在湘南民居中得到利用，而材质的颜色基本是原色，墙露青砖，呈浅浅的蓝灰色系，在近屋顶处刷白色墙灰（图 4）；青瓦如黛，木板原色穿插其中，色彩协调而统一，古朴而宁静。在艺术形态上，淡化或忽略形体与色彩对人的感官刺激。突显了中国“乐感文化”中追求静观平宁的平和心境，强调超越形态与色彩的“形而上”的美感。

（4）装饰艺术

湘南古民居中最有代表性的装饰艺术当属木雕与石雕艺术。通过对湘南民居的建筑材料分析，我们不难发现主要的材料——木材与石材，除建筑之外同时兼有装饰的作用，在实用的基础上也追求视觉上的变化以及对美的精神需求。大量的门楣、柱头、梁枋、斗拱、窗等木质材料上都是工匠们大显身手的好地方。“乐感文化”作为一种文化精神，灌注在中国的一切艺术形式之中，将艺术的终极目标定为“抒发胸中之逸气”达到“天乐”的永恒，因此具有极大的“自娱”成分在内，注重超越于感官之外的内心体验，是一种非功利的静观“自娱”的精神快乐。这种“自娱”的精神体现在湘南古民居装饰艺术中，无论是木雕与石雕，都是就地取材、因材施艺，在题材与内容上多是人们喜闻乐见的事物，形象生动有趣，反映人们对美好生活的向往与祝愿，是湘南居民们乐观、健康、淳朴的品质体现。雕刻的形式与风格多样，展示了湘南居民们的宽厚性情及其对文化的包容性。湘南古民居中的装饰艺术必须进行精确的构思设计才能与民居建筑物本身形成和谐的一体。如石门槛、石柱础，其上的雕饰必须根据整体的建筑及其形状来进行，达到中国文化中以“和谐”为最高理想的美观状态。

除木雕与石雕之外还有泥塑、彩绘装饰在门楣、窗楣之间。在整个湘南古民居建筑中算是点睛之笔了，在大片的沉稳的灰白色中，显出一些颜色，给古民居带来了更多的生趣。彩绘多为湘南本地民间艺人的创作，表现形式多种多

样，造型夸张，色彩丰富，体现了当地艺人朴素的审美观与“自娱”的精神。

三、结语

湘南古民居是湘南建筑史上一个重要的组成部分，是建筑与艺术相结合的产物，是人与人、人与自然的和谐与统一，其精神、文化心理与中国“乐感文化”的是一致的，是符合中国人的自然观：中国地大物博和超稳定的农业社会形成了“天人合一”的哲学思想。庄子在《天道》中云:“与天和者，谓之天乐。”庄子的“天乐”，是一种对待人生的审美态度。生活在湘南古民居中,“养吾浩然之气”,同时以“坐忘”的状态达到一种无限逍遥的“天乐”,也是生活的一种态度与方式。

图1（左上）
图2（左下）
图3（右上）
图4（右下）

李丽珍 湘南学院艺术设计系教师

个人简介：毕业于沈阳航空工业学院艺术设计专业，硕士学位，设计作品曾在国内多次获奖，2005年至今，湘南学院艺术设计系任教，2012年中央美术学院进修学习。

个人描述：对湘南民居印象更多的源自外婆家，外婆家就是典型的湘南古民居，童年就在天井间追逐，在堂屋里撒娇，在青砖上刮火硝烧蚂蚁，趴在门槛石上看屋檐滴水，可以说对这灰色建筑有着独特的情怀，研究湘南古民居砖瓦艺术也正是童年美好记忆的影响。

湘南古民居中的瓦当艺术

摘要：湘南古民居瓦当艺术是一种具有强烈地域文化特征的民间瓦当，其造型丰富，艺术特征明显，是当地民众对生活和本源文化的解读、对平安吉庆的向往。面对逐渐消亡的湘南古民居，如何传承其艺术的精髓，是我们迫切需要解决的问题。

关键词：湘南古民居，瓦当，艺术特征

湘南古民居是指湖南南部郴州、永州二市及衡阳市南部诸县保留下来的明清时期古民居。湘南古民居瓦当艺术是中国瓦当艺术中的一部分，是中国文化地域特色的延伸，是湘南当地土著文化与中原文化、客家文化与岭南文化的相互融合的产物，它的形成和发展有着深厚的历史渊源和文化背景，研究湘南古民居瓦当艺术对我国瓦当文化、建筑文化、民族文化具有重要的现实意义。

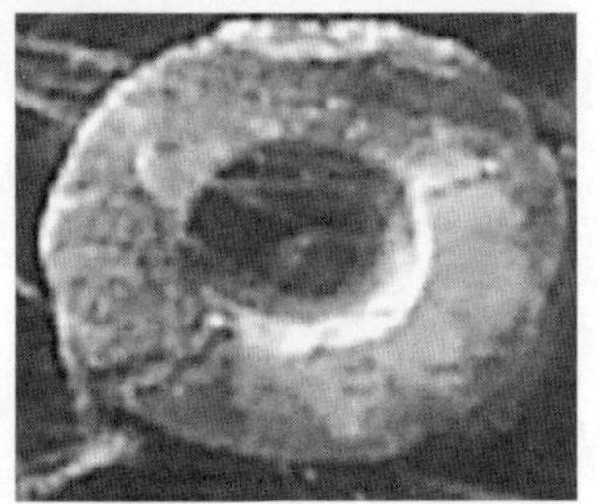

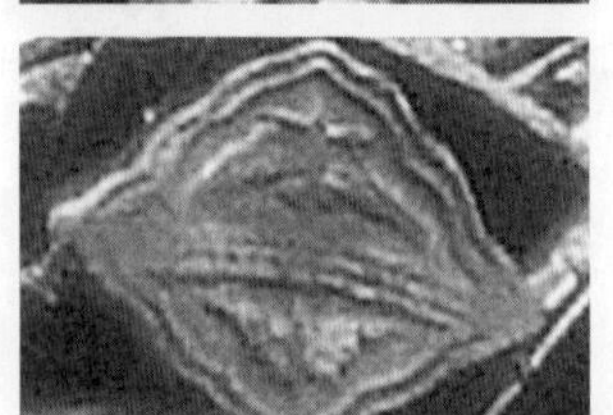

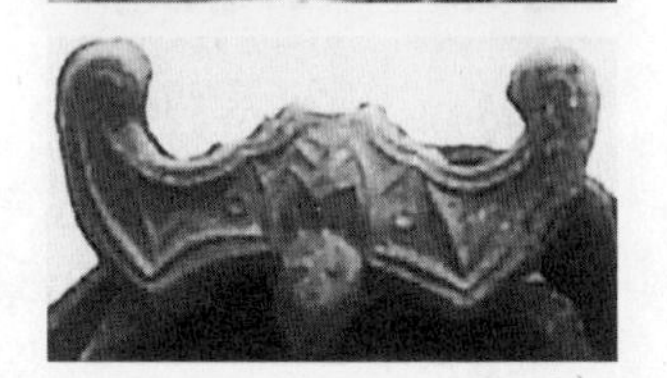

一、湘南古民居瓦当的艺术特征

瓦当是中国古代建筑瓦件，是接近屋檐的最下一个筒瓦的瓦头，湘南古民居瓦当形状有五边形、圆形、扇形、菱形、蝙蝠形等。表面多装饰有花纹、动物纹或文字。它既有保护房屋椽子免受风雨侵蚀的实用功能，又有美化屋檐的装饰功能。其艺术特征主要是：构思巧妙，构图饱满，造型简练，寓意吉祥，色彩自然，多艺术融合。(图 1 ～图 5)

1. 构图饱满，构思巧妙

湘南古民居瓦当形状多为圆形、扇形，在构图上主要运用民间美术常用的适形构图原则，通过复合形、对称形、适合形和共用形等方式，追求饱满、丰厚完整的情感意愿，使瓦当艺术平中见奇，奇中显巧。其构思巧妙地利用其造型进行装饰，特别是图与底关系的处理，用粗健而柔韧的线条，简练的概括造型，用浓厚的装饰表达屋主的思想与内涵，同时也体现了当时居民对瓦当艺术审美的需求。(图 6、图 7)

图1、图2、图3、图4、图5（从上到下）

参考文献

[1] 唐凤鸣.湘南民居研究[M].合肥：安徽美术出版社，2006.

[2] 聂保昌.金源瓦当艺术[M].哈尔滨：黑龙江美术出版社，2006.

[3] 赵力光.中国古代瓦当图典[M].北京：文物出版社，1998.

2. 造型简练，寓意吉祥

湘南古民居瓦当艺术内容丰富，有好寓意的花、蟾、蝙蝠、铜钱、回纹、云纹、文字等。各种图案造型简练、生动活泼，主要以浮雕形式表现，将传统剪影与线描装饰相融合，夸张其特点，形成面与线的对比，再加上少许点的元素，形成强烈的视觉美感，为湘南古民居增添色彩。同时将中国传统文化崇尚吉祥、喜庆、富贵、平安、幸福、圆满的心理融入到构图上，每个瓦当图形都带有一定的寓意，为中国传统吉祥图案研究提供了资源。（图 8 ～图 10）

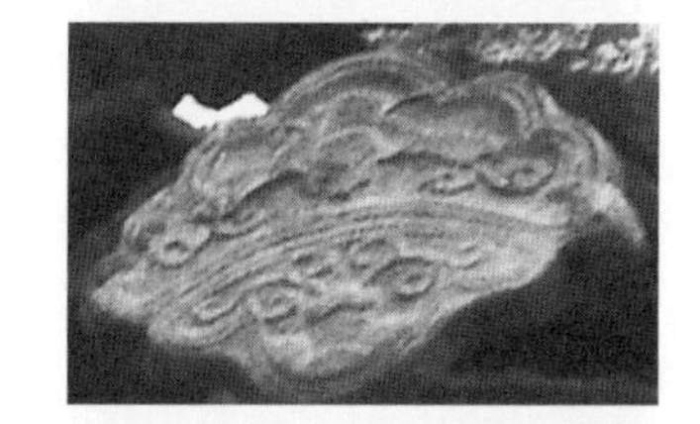

3. 色彩纯朴，多艺术融合

湘南古民居瓦当艺术虽以装饰的形式出现，但受经济和条件影响，多为青瓦，色彩大多是自然纯朴的灰色，造型严谨，高度概括寓意。在艺术形式上主要以浮雕来表现，同时融合传统剪影和线描，注重形与底的关系，夸张其形特点，形成鲜明而个性的视觉特征，为湘南古民居瓦当艺术研究增添了价值，也为多艺术融合提供参考的依据。

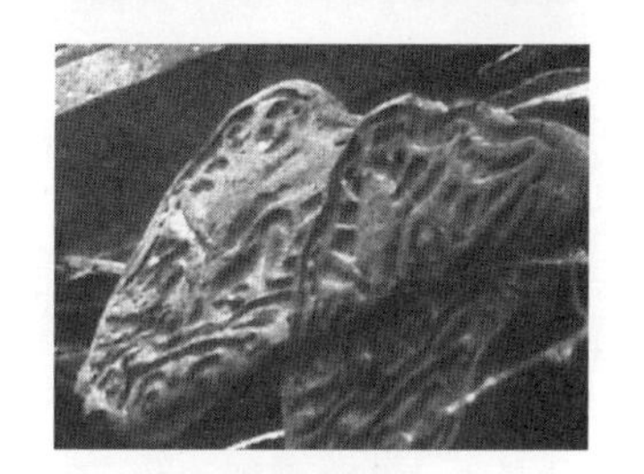

二、湘南古民居瓦当的文化内涵

湘南古民居瓦当艺术在一定程度上反映了当地古居民的民族民间文化，是传统湘南文化的真实反映，虽不能与皇家瓦当相提并论，但在也是评判家族权贵的重要象征，因此先辈们对瓦当艺术形式与文化内涵非常讲究。湘南古民居瓦当艺术表现题材的选择具有两面性，一面具有传统中国瓦当的某些特征，另一面具有所处地域民族特征，是民族文化心理和不同时期地域文化的象征。

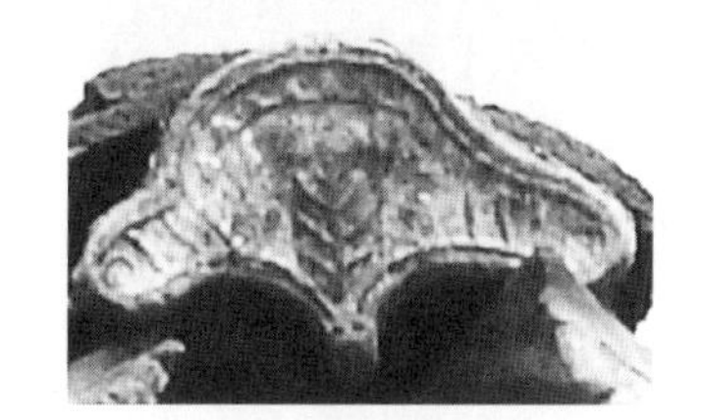

1. 对生活和本源文化的解读

在湘南古民居瓦当中纹样题材较为广泛，主要以花卉、动物、文字为主，而花卉为其中之最，主要有莲花、芙蓉、菊花、梅花、牡丹、桃花、桂花、牵牛花等。用花表达对生活的美好祝愿，如莲花寓意圣洁、清净，莲花瓦当多用于寺庙和祠堂；以下花基本用在居民房瓦当装饰，芙蓉寓意幸福；菊花寓意人的品质气节、清净、高洁；梅花寓意傲骨，坚贞；牡丹寓意富贵；桃花既代表爱情，又寓意红运当头；桂花是富贵吉祥、子孙昌盛的象征；牵牛花寓意勤劳。可以说不同的图案、纹花、形状都有着不同的文化内涵，是对生活和本源文化的解读，是一种社会历史文化的浓缩和积淀。（图 11 ～图 15）

图6、图7、图8、图9、图10（从上到下）

2. 对平安吉庆的向往

湘南古民居瓦当艺术对平安幸福的向往和追求是不变的主题，很多题材集中反映了先辈们祈求家族人丁兴旺，多子多福、五谷丰登、幸福美满的人生。如头向下的蝙蝠瓦当，表示福到；蟾纹瓦当表示蟾宫折桂；用文字“福”、“寿”等表示对平安吉庆的向往。可以说这些都凝聚了湘南先辈们的智慧、情感寄托和生活希冀。

三、湘南古民居瓦当艺术的传承思考

现今社会经济文化的发展，大部分农村人口外出务工，很多湘南古民居已年久失修，甚至破坏了。再者城市建筑文化对农村的强烈冲击，以及现在年轻人对楼房的盲目追求，导致湘南古民居面临着消逝。所以我们要采取有效措施，将湘南瓦当艺术进行传承与保护，使之在传承中发展，与时代共进。

1. 以书籍、影像资料的形式保存

以文字、照片、影像、绘画等方法对湘南古民居瓦当艺术进行收集、整理、保存，为后人留下研究资料。第一，通过政府组织湘南古民居文化写作、摄影、绘画等比赛，促进人们对湘南古民居的关注，并参与其中，把它们收集整理成书籍；第二，通过湘南的政府、文化部门、专家学者等，去邀请一些全国知名的专家或学者来湘南古民居旅游考察，引起他们的研究兴趣，如 2012 年 9 月中央美术学院、天津美术学院、湖南第一师范学院、湘南学院四校联合的考察课题“湘南民居印象”，让专家、教师、学生走进湘南古民居，触摸当地的建筑与文化。在考察期间，王铁、彭军、唐凤鸣、范迎春四位教授在四校组织开展学术交流，从设计专业角度对湘南古民居进行分析与探讨，考察结束后整理成书出版，这为湘南古民居文化留下宝贵资料。

2. 走旅游产业化道路，以实体的形式保存

一味强调全部保留传承是不现实的，只有走旅游产业化道路，对保存较完整的古村落进行旅游产业开发，带动经济发展，使当地村民门口就业，为维护古民居“活”的运转提供可能，这样湘南古民居、及瓦当艺术才能得以保存，也为后世留下可触摸的建筑文化。

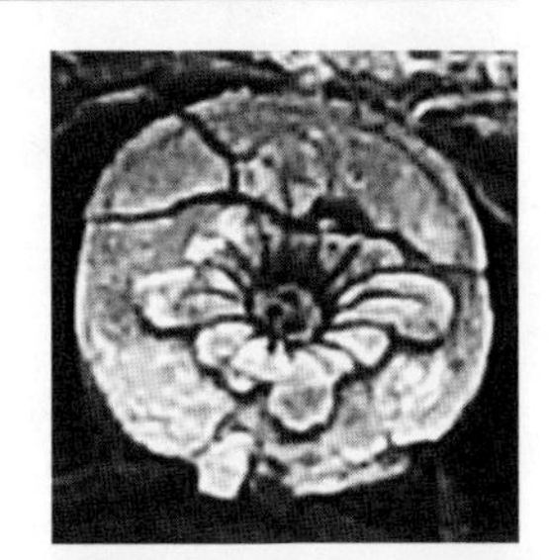

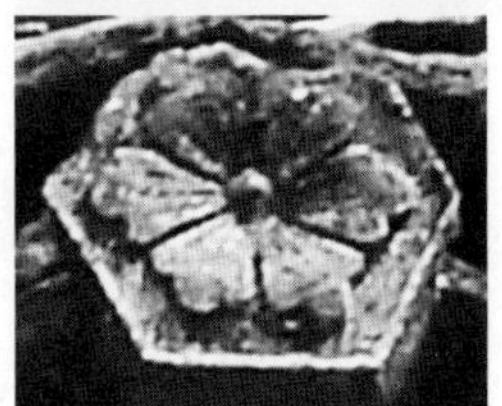

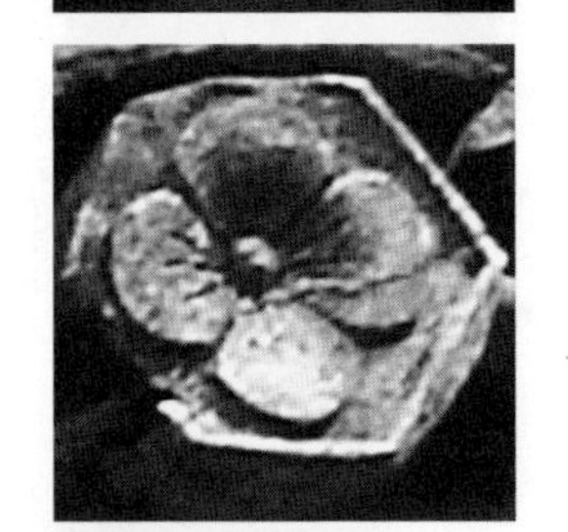

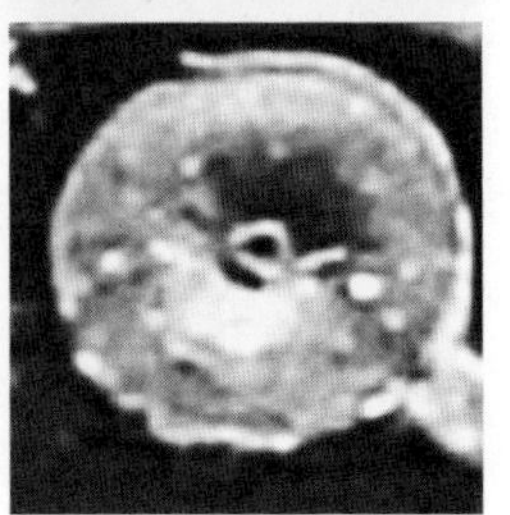

图11、图12、图13、图14、图15（从上到下）

王丽娜 湘南学院艺术设计系教师

个人简历：祖籍山东，硕士，讲师。毕业于山东工艺美术学院，华中师范大学，进修于中央美术学院。现任教于湘南学院艺术设计系，主要从事环境艺术设计与研究。

个人陈述：热爱生命，热爱生活，热爱与生命相关的一切事情，关注与设计相关的一切事情，真诚面对每一天。追求真理与自由。始终在寻求一个平衡点，做一个有用的人。想拥有一对翅膀，设计带我飞翔。

感受湘南民居

2012年9月由中央美院王铁教授带队的湘南民居印象课题组到郴州进行考察，参与考察的这些天，让我再次深深地体会了湘南民居的魅力，湘南文化的魅力，湘南人民的魅力。

"湘南"，地处湖南省南部，位于南岭山脉北麓，东接江西赣州，南邻广东韶关，西交广西桂林，北为湘中衡阳、株洲。属南岭山脉水系，地区气候温和，雨量充沛，地层为石灰岩层，天然溶洞及阴河，奇异的石峰、溪河纵横密布，境内地形以山地丘陵为主，俗称"七山一水二分田"。由于土地资源匮乏，本土居民对土地资源十分珍惜，村落大多依山面水而建，不轻易破坏农田，非常珍惜赖以生存的水资源，保持水土平衡。湘南地区是少数民族与汉族杂居地区。居民多利用当地砖、木、竹、草、石等材料建造房屋，保持朴素的文化和浓厚的民族风格特征。

通过调研发现湘南古村落在选址时十分注重与自然地形的结合，也就是非常讲究对自然的亲和性，反映了自然力的引力场。山脉、水系、绿化对人的生活至关重要。大多村镇坐北朝南有靠"山"，依山面水而居。顺应山势，呈环抱之势，普通的村镇，靠山气势都不大，这是基于村民的承受之力，"凡宅左有流水谓之青龙，右有长道谓之白虎，前有污池谓之朱雀，后有丘陵谓之玄武，为最贵之地"。背靠的山体俗称"后龙山"，山上长满树木，可以调节局部气候环境。冬天后龙山可以阻止寒冷的北风侵袭，保持村落气温。夏天南向气流经过水田、水塘后变得凉爽，吹进村落，缓解湿热给人带来的不适。由于降雨充沛，林木丰盛，后龙山储水量大，山脚多有水井，井水供村民饮用及灌溉之用，被奉为"圣水"。村落一般前低后高，保持着良好的通风采光，正所谓"前卑后高，理之所常也"。如阳山村的择基选址中，村落坐落在山脚下的一块坡地上，北面是高山，南面是开阔的田地，山上的溪流从村落的东边贯穿而下。在村落的布局上，首先把气从山上引下，受四周地形之约束而聚之于穴，使"山气茂盛，直走近水，近水聚气，凝结为穴"以达到藏风聚气。这种布局方式实际上是注重如何有效地利用自然、保护自然，是村落和住宅与田地、自然相配合、相协调。阳山村选址依山傍水，民居建在山脚下的坡地上，由此建筑物的高低错落就随着地势的高低而体现出来，远远望去，青山绿水掩映下的粉墙黛瓦，层层叠叠坡屋顶的舒缓和时而突出屋面的各式各样的封火墙的跳跃给人以视觉上的冲击，形成韵律感，炊烟缭绕，雾霭蒸腾，构成山区村落独有的形象和氛围。

湘南古民居受具体的地理环境和家族的经济条件影响，建筑形式多种多样，但以徽派建筑的"天井式合院建筑"

为主，构成内敛性的私密空间。主要建筑结构为砖木结构。由于湖南气候炎热潮湿，民居建筑层高较高。主要建筑形式为“一明两暗”三开间二进深。大多设天井，充分体现了湘南人“天人合一”的思想。这样的建筑布局也是湘南人民建筑化生态建设的最初探索和实践。湘南民居的外部造型类似徽派建筑，却又有别于徽派建筑，它因地制宜、就地取材、自成一体，村落大都有着优美的环境，各个村落依山傍水、依山就势，有着合理的平面布局，在青山绿水间高低错落。远眺湘南古民居村落，呈现的是一种整齐、均衡、和谐的美感，湘南民居硬山屋顶多，造型装饰独特的马头山墙高低错落于粉墙黛瓦之上，变化多端，构成天井空间上空极具韵律感的天际轮廓线。在这些民居建筑中出现的木雕、石雕、砖雕、彩绘，做工精美绝伦，更是湘南古民居中的精髓。各种雕饰在题材和用料方面，既有中华民族的传统文化特色，又有强烈的地方色彩，无不寄托了湘南人对生活的美好愿望。

在湘南民居聚落中，在全村风水最好，最显赫的地方往往是建设祠堂的好地方，或位于村首，其雄伟的规模和高耸的形象往往是整个村落的标志，宗族的荣耀，或位于村庄的中轴线上，和戏楼等文化建筑合而为一，形成全村礼仪及社交娱乐的活动中心。另如各村支祠则多采用网点布局，形成多中心的均衡状态。湘南民间祠堂建构过程中，自始至终体现了一个点、线、面发展的程序，先确定一点“穴”，祖宗牌位的位置及覆盖的后厅尺寸大小，然后推得轴线上的建筑规模大小，最后取得整个建筑群体的格局。总之，择位定向是一个由点到面的形式结构与意义结构相统一的过程。

遍布湘南大地的古老民居聚落是中华传统文化中重要的一部分，时至今日很多古建筑历经岁月的考验，有些已经坍塌，衰败，这里有自然因素，也有现代人人为造成的，像在板梁古村，古祠堂被越来越多的现代钢筋水泥的自建房包围、侵占、毁坏，古村落也慢慢变得不古不新，变成一种很怪的姿态站在那里。在我们考察汝城一个祠堂的时候，大门禁闭，里面传来施工的声音，找到管理人员才放我们进去，里面是三个做木雕的人，给古老的门扇换上新的生命。他们雕工娴熟，技艺精湛。对话中，得知我们是出于保护这些建筑而进行实地测量，做科研的，他们停了手上的活，还喊来祠堂的主持人，倒了茶水，拿上自家生产的花生、瓜子，跟我们聊了起来，说起祠堂曾经的辉煌，告诉我们他们现在做的工作都是自发组织的，而现在做的修缮工作的资金也是发动全村人，按照人口数量收集来的。这些古建筑中的石鼓，门上的木雕窗花，木雕门板，横梁上的雕花，柱础甚至祖先留下的神龛，但凡是有艺术价值的部分，都会有人出价收购，而有些无知的村民就会冒着对祖先大不敬的罪名干了这些勾当。这些看护祠堂、看护他们精神家园的人对那些故意损坏老建筑的人非常痛恨，同时对我们的调研也提供了很多帮助，唯一的愿望是希望我们能够动用自己的力量呼吁更多的人来保护这些古民居建筑，能够真正地认识到这些建筑的价值，因为他们不仅仅是房子，更多的是一个地方文化的传承和延续，更希望政府能给予关心和支持。

深入湘南民间，我们得到的对话是来源于远古时期就开始的一种文化，一树一瓦，一水一路，无不向我们诉说着这里曾经发生的故事，每个聚落都有太长的故事要讲，他们要等的是那些愿意聆听故事的人，愿意去保护他们能使故事继续流传的人。

蔡鹏程　湘南学院艺术设计系本科学生　导师：李楚智

个人简历：1990年出生于湖南渌田大笔冲，现就读于湘南学院艺术设计系学习景观设计专业。

个人描述：自幼父母便常对我说：“人大自变，水长自流”。我相信沉淀的力量，每一个平常的日子都是向未来的不平常转换而做的铺垫，我喜欢阅读、画画、旅行。每一次阅读都能使我心如止水；每一次绘画写生都是一个思想徜徉的过程；每一次旅行都能增加我的生命体验。正如我很喜欢的一个广告：人生就像是一场旅行，不在目的，在乎的只是沿途的风景，及看风景的心情……

有感于湘南民居

冯友兰先生认为人生的境界有四种：自然境界、功利境界、道德境界与天地境界。自然境界、功利境界是人现在的状态，道德境界与天地境界是人要进入的状态。前两者是自然的产物，后两者是精神的创造。《管子——牧民》如是说：仓廪实则知礼节，衣食足则知荣辱。人终其一生所要追求无非物质与精神或二者之一，物质是生存的基础也是精神追求的前提，在满足这一前提下继续追求物质的是处于功利境界的人即我们普通百姓，而进行精神追求的则是进入道德境界的人即贤人圣人们。

建筑因人的使用与空间寄托而被赋予生命，使人格化的建筑物带有使用者强烈的特征。物以类聚，人以群分，这些由具有强烈个性所组成的建筑群体村落就像是一群志同道合走在一起的兄弟朋友般伫立在青山绿水之中，每个村落有各自独特的性格特征、空间氛围以及境界追求。本次考察的古村落非常有特点：永兴板梁——为官建村；桂阳阳山——文人建村。

富贵不归故乡，如锦衣夜行，谁知之者？古往今来中国便一直有衣锦还乡、荣归故里这一习惯。板梁历朝为官者数百人，官员们回乡建造自己的豪宅以此光宗耀祖、耀武扬威。这个村落便是围绕这些豪宅建设发展而来。为官者多具有丰厚的财力，可以转换成充足的人力与物力。走在村子里，几乎所有公共路面都是由整块的形状规整的青石板拼接而成，就连屋角的排水沟也是用整块的青石板砌成而且十分平整，每栋都砌的是浑厚实心的青砖墙。任意进入一栋建筑，在屋檐上、天井里都能看到精美的石雕、砖雕，人物、花鸟、山水栩栩如生。室内地面上都铺设着饱满平整、大小一致的方形青砖。门与窗户上都有非常精致的木雕，每一个故事都引人入胜，每个细节都雕刻得细致入微，惟妙惟肖。处处不一样，栋栋有不同。在这些荣归故里的人眼中，建筑是他们极尽的物质追求或彰显富贵、显示实力的工具，各自

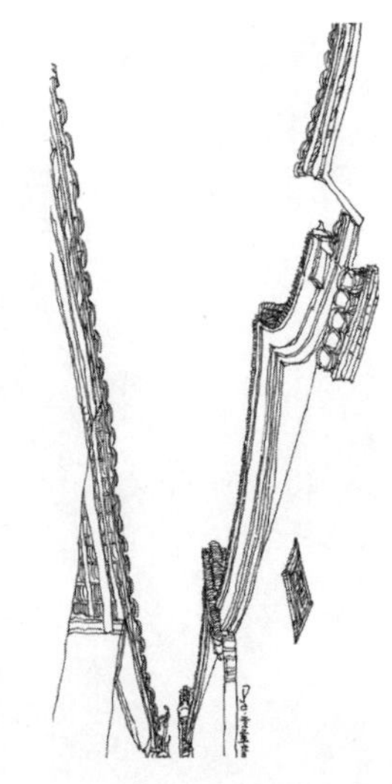

图1（上）
图2（下）

攀比。板梁以物质文明建设为目标，营造了一个物质丰富、华丽的空间氛围，显示其对功利境界的追求。

相比于板梁的财大气粗、物质丰厚，阳山古村则是满足实用功能足矣（图1、图2、图3、图4）。就像刘禹锡《陋室铭》所言："山不在高，有仙则名。水不在深，有龙则灵。斯是陋室，惟吾德馨。苔痕上阶绿，草色入帘青。谈笑有鸿儒，往来无白丁。"阳山既不是官人建村，也不是商人建村，而是一个典型的文人村落。虽然物质设施较为简陋，第一眼能看出差距的便是公共路面的铺装，材料也是青石板但是却少见整块铺满路面的，几乎都是由小青石板拼成，即使有整块的青石板铺成的路面也很狭窄，而且路面与排水沟及建筑的边界的这段距离还需要用鹅卵石填满，建筑单体构造也较为简单，没有像板梁那样的三进式院落，而是直接由厅堂进入各厢房的独栋式建筑。不过阳山文化气氛浓厚，家家户户厅堂上挂有"学海渊源"的牌匾，可见对文化的重视程度。史料记载，阳山村自发设立的"宗源会"（专管修立族谱）、"救婴会"（专门救助女婴）、"禁戒会"（禁毒禁赌）、"重九会"（为孤寡老人而设）、"义学会"（对贫寒学子进行捐助）、"女儿会"六会治村，形成了"宽容诚厚重、和气致祯祥"的百年家风。这种自我约束、自我教化、自我延续的功能，维护着一个偏僻乡村的相对稳定。这不正是读书人"身修而后家齐，家齐而后国治"的体现吗？控制物欲，追求精神，建筑与人达到道德境界的高度。

老子的哲学主张无为，即"有"和"无"的辩证关系。我们看到的是建筑的"有"（形态），使用的是建筑的"无"（空间）。时至今日板梁古村落里已罕有人愿意驻留居住了，而阳山里人丁依然兴旺。没想到古代板梁的高官们一门心思的将建设重点放在"有"上，却比不上阳山一群书生不经意间建立的"无"。所以使用者与建筑的境界及他们之间的相互影响是很重要的，这也对我们今天的设计师自身的境界修为提出来很高的要求。

图3（上） 阳山速写（一）
图4（下） 阳山速写（二）

黄志兴

湘南学院艺术设计系本科学生　导师：范迎春教授

个人简历：1990出生于福建福州。就读于湘南学院景观设计专业，喜好旅游、运动、美术。

个人陈述：非常荣幸参加湘南印象这次考察活动。通过各位教授的讲解，真实感受湘南民居建筑各方面特征；村民的介绍，初步了解了它们的创造者和使用者生活，他们的性格和追求以及他们的行为方式。这次考察让我们开阔了视野、提高了审美能力，直观的借鉴湘南民居建筑的创作经验，吸取其中智慧。湘南印象考察活动中让我受益匪浅，为未来的创作设计积累了宝贵经验。

湘南民居门窗之美

建筑，除了一些特殊的类型之外，都有门和窗。门，供人出入建筑；窗，用于室内通气与采光。两千多年以前的老子在他所著的《道德经》里就说："凿户牖以为室，当其无，有室之用。"户即门，牖即窗。可见，自古以来，凡建筑皆有门窗。

一、湘南民居门窗概观

湘南地处湖南省的南部边陲地区，地理坐标为东经 112° 13′ ～114° 14′，北纬 25° ～26° 之间。湘南传统民居主要指明、清以来尚存的古民居村落及单体民居和公共性建筑。其门窗形式多样，丰富多彩，生动活泼，使原本具有实用功能的门窗成了建筑装饰的重点，成了表现建筑人文内涵的重要部位。这次考察民居主要村落是：板梁村、阳山村和小埠村。

二、门窗的装饰

建筑上的装饰原来都是对构件进行美的加工而形成的，这些构件都是建筑上有实际功能的部分，门窗也是这样。

门本身最主要部分是门扇，门扇要能开能关，关闭时外人来访要叩门，主人外出要锁门，所以门扇上要安门的扣环和锁链，这种门扣、门环称为"铺首"、"门钹"。形状有圆形、星形、多角形、方形，有的还在上面刻出各种花纹就成了装饰（图 1、图 2）。

门扇必须安在门框上，门框由左右两根框柱、上面一根横槛组成一幅框架固定在墙上或者两根立柱之间。固定在门上轴的是一根称为"连楹"的横木，连楹两头开出一个圆形孔，大小正好承受门的上轴。这条连楹又靠几根木栓和门框的横槛相连，这几根门栓像钉子一样，一头是大木栓头，一头呈扁平状插入横槛与连楹的卯孔中。

图1、图2、图3、图4、图5（从上到下）

门栓头留在门框上的横槛外，如同门扇上的钉子头，成为一种装饰。一般用两个门栓，门栓的位置与作用都有点像妇女头上的发簪，所以被称为“门簪”。门簪被加工成圆形、六角、八角、花瓣形，具有很好的装饰作用。门簪上大多雕刻着太极、八卦（图 3、图 4）。

门下轴的承托物不但要固定门轴使她转动，而且还要承受门扇的重量，所以都用石头材料制作，根据它的位置与作用，取名为“门枕石”（图 5），门枕石与门横相连（图 6），都雕刻着精美的浮雕，这些石料自然成了很好的装饰物。

在古代门框上有简单的“屋顶”，可以遮阳和挡雨，这门上的小屋顶称为“门头”。门开在墙上，则门头就成了从墙上伸出的一面坡屋顶。这种门头既有实际功能，又有装饰作用，它使大门更为显现和精美。后来，遮阳挡雨的功能日益消退，门头成为一种装饰，长期的保留下来。只是在形象上，屋顶挑出越来越小，而屋顶上下的构件越来越复杂，成为罩在大门上面的一种特殊装饰，所以又称“门罩”（图 7）。门头露在外面，经常受到日晒雨淋，于是原来的木结构渐用砖代替，但是它们仍然保留着木结构的形式。有些建筑窗台上也有斜屋顶。门罩式样有简有繁，不论简单与复杂，门罩的整体造型都十分讲究，左右对称，上下各部分疏密相间，构图匀称，灰色的砖，白粉墙，色彩素雅，造型端庄（图 8）。门头上砖雕装饰内容多为传统题材，龙、狮子、蝙蝠为常见之物，植物中的牡丹、莲荷，器物中的琴、棋、书、画，都会出现在门头上（图 9）。

在湘南民居建筑上，格扇门窗只用在少量规模较大的宗祠和住宅上，大多数住宅都采用单座木窗，安装在立柱之间的框架或砖墙上。这些窗子的样式多数为长方形，也有其他形状。在多进深大型住宅的厅堂里，为了增添厅堂的华丽，在厅堂中用面积较大的门窗，门窗上充满了木雕，在住宅的对外砖墙上往往开设面积不大的小窗，这类小窗多用方形、圆形、六角或八角形，形式随意而无定制。即使在长方形窗上，分隔也十分多样，有简单的双扇窗户；有的分上下两段，上段可以开启，而下段固定，用透空木雕装饰而不能开闭（图 10）；有的还分内外两层，里层是实木板窗，可以开闭，而外层只是充满了透空雕花的装饰面层，仿佛是悬挂在木板窗外的花罩。在一座房屋大片的灰砖墙上，几扇雕花的门窗起着明显的装饰作用，使湘南民居在简朴中仍露出几分华丽，他们没有宫殿建筑的庄丽与浓重，而保持着一种特有的乡土之美（图 11）。

图6、图7、图8、图9、图10（从上到下）

图11、图12、图13、图14、图15（从上到下）

建筑装饰所表现的内容离不开封建社会礼制下的等级制度，离不开儒家的忠、孝、仁、义和福、禄、寿、喜，湘南民居门窗上装饰的内容也离不开这些传统内容，离不开象征这些内容的动物、植物和器物的形象。

在百姓心中，龙象征着神圣、崇高，湘南民居建筑上少不了用龙纹作装饰，不过这里的龙纹不是象征帝王，只是借此而求得神圣之意（图 12）。

湘南民居的大门两边同样有狮子像，只是他们比不上宫殿前的狮子那么大。这些石头雕的狮子，雕得小巧玲珑，十分可爱（图 13），门窗装饰里更少不了它们的形象。其他动物如鹿、蝙蝠、鱼、雀鸟，植物如松、竹、梅、牡丹、荷都大量地出现在湘南民居建筑门窗的装饰里。湘南民居建筑上还少不了不知名的花朵繁叶，可能并不具备特定的象征内容，只是以形象之美出现在装饰中，表达出先人对生活的热爱和对自然景物的钟情。

装饰形态是指门窗装饰中所用主体的形态。湘南民居建筑的龙几乎是龙的变体，经过简化的龙头，连着后面的植物草叶，或者连着曲折的拐子纹。植物卷草和拐子纹形象本无定制，可大可小，可简可繁，构图十分自由，能够适应多种形式的需要。

在格扇窗常见到一幅幅有情节性的场面。在一排并列的格扇窗上，有时每一块格扇的格心和裙板上的花饰雕刻也不相同。远观一排格扇，上下分隔相同，总体上整齐划一，近看则装饰雕刻内容、形式互不雷同（图 14）。

狮子与蝙蝠，是两种装饰的主体，因为都属现实中的动物，都有其自身的形象，但是在湘南民居的建筑门窗上，他们也都被简化和变异了。门窗上木雕的狮子，有的双双耍绣球，有的大小群狮在嬉戏，它们都离开狮子的原形，变得顽皮活泼，亲切动人。蝙蝠象征着大福大吉和福财，有的五只蝙蝠绕着中央的寿字，寓意五福捧寿；有的在窗格上用作节点；有的在画面中自由飞翔；这些蝙蝠既不失它的生态原形，又被简化美化了，它们展翅飞翔，姿势更加舒展（图 15）。

各式各样的花瓶是常见之物（图 16）。湘南民居建筑门窗上有写实的，也有雕成透明的，插在瓶中的花叶从瓶中到瓶外全部展现，花枝、花叶与瓶的形态交错在一起，组织成和谐的图案充满窗扇。

在湘南民居中，它们的门窗都是用木料制作，因此附设在门窗上的装饰都以木雕为主。但是手法多样而自由。首先从雕法看，以木雕最多的格扇条环板或窗扇上的木雕板而言，就有深雕、透雕、浅浮雕和平面线雕多种办法，而且常常在一块木雕板上多种雕法混用，使装饰画面更真实（图 17）。

其次，在应用某一种雕法上，也不守定制而极富多样性。例如：透雕，有的在某一组合较复杂的场景中，用透雕可使更显突出；有的完全将木板镂空，只留出木材组合的花饰，仙鹤鸟虫、树木花卉，都像剪纸一样展现在窗上，可以说把透雕发挥到淋漓尽致的地步了。有的深浮雕雕刻得十分精细、精美无比，达到圆雕的效果（图 18）第三，在应用与加工木材上，有的把木料表面加工得十分精细，再在上面进行雕饰（图 19），有的就保持木料粗糙的表面做装饰，具有粗犷而自然的美。值得注意的是，以上这些内容不同、雕法不同的多种门窗装饰有时可以在同一栋比较大的建筑上同时出现，但是在应用上有一定规矩。凡是装饰内容比较丰富的，像人物故事情节的，主体较多场面较大的，雕法比较复杂（图 20）。 装饰效果显著的多放在房屋的主要部分，也就是主要正房的中央开间的门窗上，其次是正房的次要开间，两侧厢房中央开间、厢房的次要开间等等，这种以居中为上的古代礼制传统在湘南民居建筑门窗的装饰上也得到体现。

综合以上介绍，湘南民居建筑在门窗的装饰特征主要表现在装饰的主体既有传统形象又有湘南地区的地域性。主体的形象多采用变异手法使他们比原形更为生动，在多种主体的组合上更为灵活自由，在装饰手法上也不拘一格，应用自如。

造成这些特征的原因主要原因是湘南民居远离大城市，工匠在自己的创作和实践中能够有很大的自由度。在古代中国，各地建筑工匠的技艺都是依靠师徒相传或父子家传的方式获得，湘南地区也不例外。在这个过程中他们继承着统一的民族传统，同时又吸取湘南地区民间技术与艺术的滋养。同时在古代各地区各民族的交流往来很少，所以湘南地区工匠在创作实践中更易形成特有的建筑特征和风格。

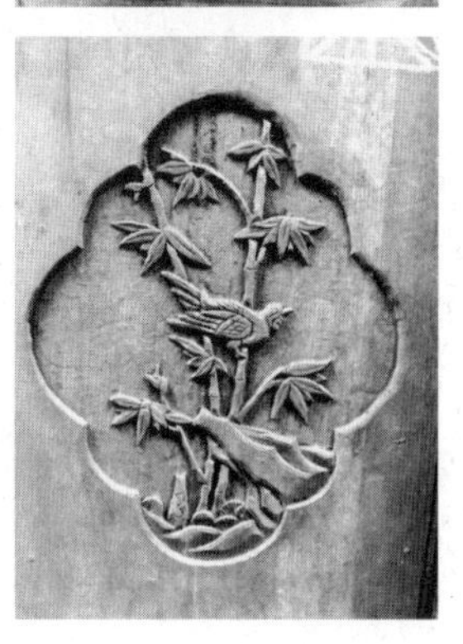

图16、图17、图18、图19、图20（从上到下）

暨露 湘南学院艺术设计系本科学生 导师：李楚智

个人简历：湖南浏阳人，90后。爱看书，爱自由，爱旅行，所以爱三毛。我不想成为一棵树本身，而想成为它的意义。希望自己对于这个世界有点小用！

个人陈述：通过湘南印象考察以及交流，对于湘南民居的整体形式与建筑外观有了初步的了解。喜欢湘南民居的古朴、真实。我相信历史留下的东西，总会有它独特的魅力。

湘南民居印象——湘南民居的外部特征

摘要：湘南民居是湖南郴州独特的古建筑，它代表了湖南南部的建筑特色，而且现今有很多村落保存完整，历史悠久，极其具有研究价值。它是明清时期湘南地区相对繁荣时期多种文化孕育的产物，既有着湘南独特的地域特色，又蕴涵着中国传统的天人合一理念，体现出湘南人家族延续的伦理、鲜明的宗族结构、平静与中庸的契合以及物化的环境观，给人以人文精神的感悟。本次湘南民居的研究，是湘南民居的初探，为今后湘南地区建筑的研究和发展能起到一定的推进作用。建筑的外部特征，直接影响人的第一印象。初次考察湘南民居，我还不能完全理解到湘南民居的精髓，只能就其外观说说自己粗浅的感受。

关键词：湘南民居，外部特征，自然，材料

石级步上九重天，
叶舟穿梭银河边。
千户相依汇灵气，
青砖砌成聚清贤。

晨曦中，伴随着山间微微的雾气，远离都市里的嘈杂声，我们踏入了板梁古村这块充满灵气的土地，伴随着潺潺的流水声，湿润的空气夹杂着深厚、醇正的土的气息，阳光透过缥缈的轻雾，温柔地打在身上。踏上板梁被风雨洗刷得光滑的桥身，脚底是轻摇的水草，柔柔地摆动着身姿。河流的尽头却望见层层秀丽的山峦，不争不抢，各自有各自的姿态和个性。青山云外深，如此场景触动了我们对她形象无穷的想象。

顺势而上，脚踩的是堆砌的山石，心中满怀着期待，她会是一个娇羞的女子还是年迈的老妇呢？一转角便看见一条自然堆砌的石路连着或松或密的青砖灰瓦的建筑物，正是我们所要寻见的湘南民居（图 1、图 2、图 3）。“五岳朝天”的三级式马头墙，向上微微舒服地伸展着，飞动灵秀，俊逸非凡，高高低低的马头墙使天际线就这样律动起来，显得格外地有精神（图 4、图 5、图 6）。圣 · 奥古斯丁说：“Beauty is the splendor of truth”（美是真的色彩）湘南民居的外墙不做粉刷，显露出的是砖本质的颜色，就像一个天生丽质不施粉黛的清丽女子，湘南民居造型丰富多彩，自由灵活。湘南民居的造型与大自然相融合，建筑本身展示出的美以广阔的自然景物为依托，而自然环境因有了建筑的

参考文献

[1] 唐凤鸣，张成城.湘南民居研究[M].合肥：安徽美术出版社，2006.
[2] 陆元鼎.中国民居建筑[M].广州：华南理工大学出版社，2004.
[3] 方咸孚，王齐凯.湘西风土建筑[M].武汉：华中科技大学出版社，2010.
[4] 王其钧.城镇民居[M].上海：上海人民美术出版社，1996.

点缀又充满了人的创造与活力，融合于大自然之中，显示出对自然的崇拜和原始的浪漫色彩。从外观看，湘南民居的体量和尺度依附于大自然，无论是群体还是单体尺度，都反映出对大自然的遵从（图 7）。

湘南民居就地取材，量材而用，质感丰富多变，又协调统一，色彩朴素无华，清新素雅。天然的石料、木材、青砖、灰瓦，局部的白色装饰，造就了与自然界浑然一体的建筑形象（图 8）。不同材料呈现不同的建筑性格，而不同材料的搭配又给建筑带来无穷的变化，湘南民居的木装修一般不涂油漆，外部涂点防虫防腐的桐油，保持了木材的本色，使建筑古朴、淡雅、沉稳。不同材料在同一建筑上的结合，极大地丰富了建筑的外观。任何建筑物都是人们凭借一定的物质材料，通过某种结构及构造方式建造而成的。不同结构形式、不同材料势必带来风格各异的外观形式，结构、材料与建筑的外形有着不可分的内在联系。湘南的民居形体的变化主要是由材料与结构引起的，而结构的完美与材料的不同质感又丰富了建筑的外形。

通过对湘南民居的观察我总结出了它的外部造型特征表现为以下几个特点：

1. **疏密得当**

疏密关系在中国画中是一个极其重要的原则，讲求的是“密不透风，疏可走马”湘南民居的外部造型窗户和门头

图1（左）、图2（中）、图3（右）

雕工精美，细致，与砖墙的不饰雕琢形成了对比。

2. 虚实相生

湘南民居在虚实结合上有很多经验，大面积的实墙如同中国画中的空白，门窗点缀其中为实处，章法颇似南宋马远的“一角”山水画那样的空灵。

3. 朴实淡雅

湘南民居如“清水芙蓉”，简洁朴实，气质清雅淡然。

4. 气韵生动

湘南民居建筑注重疏通，讲究神韵，看上去有很多流动的线条，从线条上来体现出气韵的丰富变化和内涵。

5. 音乐旋律

湘南民居在体块上的凹凸感的节奏变化、饰面的强弱对比中都潜伏着音乐感，既有平缓的优美韵律，又有高潮的跌宕起伏（图 9）。

通过这次湘南民居的考察，我对建筑的外部形式真实的了解，我觉得湘南民居的美在于它的既是自然美又是艺术美，这种美是真实的，使人在民居的和谐、节奏、静谧、朴实中得到启示，忘掉自我的情绪波动和思想起伏，沉浸到美的意境中去。这也告诉我们以后要像湘南民居般朴实、真诚。建筑的外部造型应与自然环境相融，尊重自然，材料的运用也应该遵从自然法则。材料上，尽量选择可降解的材料，使之“从自然中来到自然中去”。现在建筑有很多为求名贵从各地取材，耗费人力物力，这种做法并不低碳，也不科学。我们应该学会用本地的原材料来做建筑，努力显出建筑的本色，这样建筑才是扎根在当地的建筑，才有生命。

图9

图4（上左）、图5（上右）、图6（下右）、图7（下左）、图8（中）

李冰 湘南学院艺术设计系本科学生 导师：杨萍

个人简历：1990年出生于湖南湘潭，是个射手座女孩，现就读于湖南湘南学院艺术设计系景观设计专业。

个人陈述："一个人如果只待在一个城市，那他只翻开了人生书籍的第一页"。所以我喜欢旅游，总是期待下一页会有怎样的精彩，或许是有名都市或许是无名小镇，相似但又不同的环境和陌生人，总能让我有不一样的感受。踏上旅途……"逆风的方向更适合飞翔，我不怕千万人阻挡，只怕自己投降"听着这首最爱的五月天的歌，歌声传递着他们对梦想对未来的执著还有那份不变的"倔强"。也变成了我的信条，我的倔强。

古村印象

这些似乎是被遗忘的国度，被淡忘的"城市"。他们被时间遗忘不知是喜是悲。这里尘封着那些被时间逐渐吞噬的艺术精品。幸运的是，在我的记忆里还可以存储到它们存在的美丽画面。

踩着温暖的阳光，乘着清爽的微风，开始了我们的第一站——板梁古村。在这里叩开了古村的大门，板梁古村是同族之间的聚族而居。家一族一村。就这样形成了他们的国度，而且板梁古村依山而聚，三面环田，自成一片，静静的座落在那里，似乎很久都不曾被人打扰。阳光下的古村显得更加具有历史古韵，更显沧桑。就像一位古稀老人安详地坐在摇椅上，晒着太阳，摇着蒲扇，旁边放着一盏茶。就这样静静回味着曾经无数个朝夕之间发生的故事。

或许是天公作美，想让我们感受不同天气下的古村的风味。当我们进入阳山古村和小埠村时伴随着霏霏小雨。只能撑着伞慢慢游走在古村青石板铺成的小巷里。此时不由得想起了戴望舒写的《雨巷》中的诗句"撑着油纸伞，独自彷徨在悠长、悠长又寂寥的雨巷"，就这样，边听着雨声，踱着细步，欣赏着周边这凝固的历史，感受着江南雨巷的静谧，这种感觉是如此的惬意而舒缓。而且还容易想到李白《把酒问月》里面"今人不见古时月，今月曾经照古人"。正是这样，我不曾出现在几百年以前的这个古村里，但几百年前的这个古村曾经是无数人的家，他们在这里扎根，日出而作日落而息，他们就在这条巷子穿梭来往、聚散离合。这是种多么奇妙的时空交错感啊，我想这种感觉非得在这样特定的场所才能真切感受到。

漫游在历史和当下之间不单是时空感受的奇妙，还有视觉上的享受。游走古村中永远不知道下一步会是怎样的一幅画面。古村似乎时刻都准备着惊喜在等着你来发现。或许一转身会出现排列得很有节奏的马头墙；或许一抬头会看见精美的石雕门罩；或许一低头会冒出来两个久经风雨的石础；或许在青砖墙垛中镶嵌着一个精美木雕的明窗，正引诱着你去"窥测"屋内的一切;或许一转过墙角会碰到一位慈祥的老奶奶正在缝补着她的粗布衣服……此时"移步异景"这个词用在这古村里也是再合适不过了。

古村的一切都是那么让人流连忘返，一砖一瓦，一草一石都似乎能讲述一段悠远的故事，一切又都是那么无可取代。而其中吸引我眼球的，是那一件件木雕作品，木雕是刻刀下三维的立体绘画，是种可以触摸的绘画语言。这些木

参考文献

[1] 唐凤鸣，张成城.湘南民居研究[M].合肥：安徽美术出版社，2006.
[2] 陆元鼎.中国民居建筑[M].广州：华南理工大学出版社，2004.
[3] 方咸孚，王齐凯.湘西风土建筑[M].武汉：华中科技大学出版社，2010.
[4] 王其钧.城镇民居[M].上海：上海人民美术出版社，1996.

雕或大或小，大到大作雕刻中的屋架、梁、枋、雀替等等。小到那些填塞屋架以内空间的门、窗、桌、椅、床、凳等等这些小作雕刻。尤其是那些门窗隔扇的棱花花心的处理，最是展现技术的，而且是集中展现选材内容和雕刻寓意的。

古村中木雕作品大多选用樟木，一方面湘南樟木多，原材料富足，而且樟树有“常青不老”的寓意，加上樟木含有樟脑油，可一定程度上防止虫蛀又相对不易崩裂。但在南方，尤其是湘南地区多为丘陵，属于季风性湿润气候，地域内潮湿而又多雨，导致木质雕刻作品容易腐坏，所以那些更早期的木雕作品已经不复存在了。那些存留下来的也已经败坏了很多，虽然木质光泽雕刻细节已经远不如往昔，但那细腻的手法、精湛的技术以及每件作品所赋予的寓意情感依然存在。

古村中木雕雕刻手法多采用高浮雕、浅浮雕和透雕的工艺形式。浮雕一般用于梁枋等承重较大的构筑物中，明窗等则采用透雕，每件作品都是运用不同的刀法语言进行立体或是平面的编排，交织和组合，形成具有节奏和韵味的装饰木雕。

木雕作品的选材有很多是反映现状生活的场面，如“农耕”、“纺织”、“聚会”；另外还有对历史或戏曲故事的再现；其中还有神话故事如“八仙”、“女娲”、“罗汉”；还有很大数量比例的是寓意题材，如“吉祥如意”、“连年有余”、“福禄寿喜”等。每件作品每个画面都能成为独立的审美客体，同时又统一于它所属的器物中。古人将木雕作为一种情感的寄托，将木雕作品作为记录事物的载体，将心声直接嫁接在生活器具中。此时的艺术已经不再高于生活之上，而是最直接的将艺术融入生活。

这木雕是古村的一个细节，让人在停下来时可以加以细细体会、细细考究的精品，它让古村变得如此精致而耐人寻味！

在如今高速发展的现代化中，机械化、程式化的生产方式在不断扩展和不断蔓延中，已经逐步侵袭到每个角落。身边的一切似乎变得越来越雷同了，城市的车水马龙，长得相似的高楼大厦。这些就像是一个个城市的复制。城市——郊区——农村在一步步被感染着。而那些地域个性文化正在这进程中逐渐被同化，变得越来越衰微。因为较偏远、因为被遗忘，所以像板梁古村这样依然保留自己个性的古村或许要庆幸吧！让它还能保留残存下来的韵味，只是也因为没有进入大多数人的意识而被忽略，从而不能更好地得到保护。

古村沉淀下来的特有的历史韵味是怎样的高科技都无法复制的，也只有真正亲身沉浸其中才能体会到其中韵味。只有真正亲眼见到那一件件精美的工艺品才能完全感受到精湛的技艺带来的震撼。也真心希望像这样的古村能越来越被人重视，让历史的余晖能存留下来，当我们觉得身边的一切都一样的时候还能想到有这样一个角落是那么的具有个性。

王倩 湘南学院艺术设计系本科学生　导师：李楚智

个人简历：1990年出生于陕西延安，现就读于湘南学院艺术设计系。

个人陈述：若将我置身人海，你将不知我的存在，因为平凡，因为无奇。喜欢偶尔看看书的惬意；喜欢偶尔画些画的安静；也喜欢闲暇散散步的沉淀，喜欢安静，也喜欢热闹。这就是我，简单却快乐。

湘南民居印象

清晨，大地披着一层薄薄的纱衣，空气里弥漫着甜甜的桂花香气，九月的郴州，难得有如此清爽的好天气，像是专门为了配合此次的考察之行。伴着愉快期待的心情，许久，车子驶入了人烟稀少的乡间小路，带我们来到了湘南古民居第一站——板梁古村。

初到板梁，村口新旧民居夹杂而建，并未给人像宏村那样的视觉震撼。但却相当静逸，村落位于山水之间，山清水秀，群山环抱，河水顺势而绕，让人不禁想到陶渊明笔下的世外桃源。随着导游的娓娓讲述，我们一行人进入了村落，脚下布满青苔的石阶，斑驳的建筑墙体，青砖灰瓦，飞檐翘角，无不充盈着浓重的历史的气息……

也许是从小生活的环境差异，这里的一砖一瓦，一草一木都让人感到新奇，正是独特的自然环境与文化背景造就了如此别具一格的建筑群体。古代的湘南地区受封建宗族礼制思想的影响，宗族之间常有争山争水之械斗，因此人们的生活方式聚族而居，整个村落的空间布局也会相当讲究整体规划，从整体到局部按等级序列以祠堂为中心依次展开。祠堂是村子里的政治中心也是公共活动中心，沿袭至今，村子里的红白喜事都会在祠堂举行。在古代农耕文明时期，湘南地区山高林密，潮湿多雨，瘴气重，自然灾害较多，防火、防雨、防潮、防虫等防范问题都是房屋建造所必须予以考虑的问题。此地以山地、丘陵为主，土地资源贫乏，俗称“七山一水二分田”。因此呈现在眼前的湘南古民居建筑都会选在依山傍水地段，方便人们利用自然资源生存。若没有流动的水源就要建造至少一个半月形的水塘。建筑材料也大多就地取材，建造材料多以石材、木材为主。我们到的两个村落的建筑个体的体量都很大，墙壁坚实厚重，但是窗户数量却数量少，面积小。据说这样的构造是为了防盗而考虑。因此，天井成为湘南民居建筑不可或缺的一个要素，窄窄的露天巷道或小天井，不仅可以用来收集雨水，还可用于通风和采光。天井的石槽里泛出青绿的苔斑，巷道里清幽暗淡。阳光洒在高高的屋脊，少许的光线漏印在墙垣上，与幽暗的巷道相互映衬出上下截然不同的空间……这里巷连着巷，岔接着岔，纵横交错，曲径通幽，如迷宫般神秘……

走在那层层叠叠的青石板路上，秋日的阳光透过高高的屋脊，映射着小巷，门槛上静坐着安详的老人，让人不由得放轻脚步，仿佛走入一个梦境。和善的阿姨热情地与我们搭起话来，话语中掩饰不住他们作为古民居的主人的那一份自豪却流露着对老房子艰苦的居住条件的无奈，望着这一片画卷一般的古建，心中顿时多了一丝遗憾。

湘南古民居建筑是古代劳动人民在适应自然，社会发展的过程中慢慢形成的，它凝聚了中华民族几千年的智慧，是中华民族传统历史文化的根基血脉所在，谁不想把这艺术瑰宝永久保留呢？然而，在社会迅速发展进步的今天，人们的生活方式与居住理念也发生的巨大的变化，显然阴暗潮湿，设备陈旧甚至还存在着安全隐患的古老民居已经不能适应人们的物质需求。离开板梁村时再看到村口那些穿插在民居中的新房子，与整个村落格格不入，虽然古民居的主人们近年来认识到了古民居的保护价值，但事实上劳动人民对其保护的文化内涵理解还远远不足，这也是造成他们对古民居建筑群保护的被动。可见，改善古民居的居住环境才是解决古民居生存最迫切需要解决的问题。而国家的进一步富强，社会制度的进一步完善，提高人民大众的思想觉悟与文化涵养才能从根本上改善古民居的生存发展。

板梁古村与阳山古村最大的差异便是板梁村的建筑相对于阳山而言更加讲究，装饰也更为华丽精美。这缘于板梁村为官宦人家所建，比较富足，而阳山古村更多的是清贫的文人，因此，阳山的建筑显得更加淳朴雅致。纵观全国各地古民居发展状况，凡是地方偏远发展落后的地区，民居保存得也相对完整。也正是由于板梁与阳山的这种差异，阳山村落保存得更加完整原生态。

到阳山时，空中飘起霏霏细雨，草木在雨水的滋润下，更加青翠欲滴，村庄静静地笼罩在这蒙蒙烟雨中，偶尔从远处传来几声狗吠和鸡叫，起伏不平的青石板在雨水的滋润下发着幽幽的青光，抬头望着层层叠叠的马头墙与歇山顶构成的那一道道韵律起伏的天际线，置身于迷宫般的小巷，感受着神秘的小空间，恍惚间有种穿越的幻觉。祠堂边上是一片长满水草的水塘，岸边绿柳婆娑，远处青山连绵，村前是一个大又圆的太极广场，场边上三两只鸡在啄着晒完稻谷遗留下的谷粒，一切是那么的宁静和谐。我惊于这整体的美，每栋建筑，每棵草木，每片砖瓦，都与这整片村落生生相融，古韵悠长，仿佛在无声地诉说着古老的湘南故事……任何一者从中抽离出来，原本的价值都将大打折扣。坐上返回的车，忍不住探出头回望，直到这座恬静的村庄在朦胧的雨雾中越来越远，最后从眼前消失。

不同于板梁古村和阳山古村，招商引资开发旅游让已有 550 年历史的小埠处处散发着现代气息。“漂浮”在水中的饭店，泊在湖岸边的包厢……如今的小埠村老树新枝，青春焕发，娱乐休闲的氛围也更加浓厚。虽然小埠历史悠久，现存明清古民居 50 多处，但在这样的开发模式下，这些古建原有的古韵已然丧失大半。就如安徽的宏村一样，当她们成为旅游景点后，供人参观，那种自然生活的气息不可避免地被割裂、异化，或者说是掺进了一些商业化的杂质，已经失去了她最初的纯粹。与其说是一种保护发展，不如说在某种意义上也是在破坏。

面对当下发现古名居后该如何保护发展，真是一个让人心情复杂的问题，是该将从前隐藏“深闺”的地方大力开发出来带动当地旅游经济的发展呢？还是应该以一种完整的原生状态，继续在历史的场合中沉淀呢？

吴俊 湘南学院艺术设计系本科学生 导师：范迎春教授

个人简历：1991.1.6出生于湖南省株洲市。于2013年毕业于湘南学院艺术设计系艺术设计专业。

个人陈述：这是非常难得的一次“四校联合游湘南”活动，从湘南民居的考察归来已有数日，满身的疲惫早已挥去，追忆在湘南古镇中留下的足迹，我们颇有感受。大到一个古民居的选址与布局，小到一块砖一片瓦，都有它们自己的独特文化内涵，并且感叹宗族内部的文化和强大的精神凝聚力。除此之外，我还体会到了儒家哲学思想在传统精神文化和物质文化中有绝对性的影响。

湘南古民居建筑的人文精神与思想

前 言

从湘南民居的考察归来已有数日，满身的疲惫早已挥去，追忆在湘南古镇中留下的足迹，我们颇有感受，湘南民居文化可真算得上是一本厚重的书。

这是非常难得的一次“四校联合游湘南”活动，我们参观了立有望夫楼的板梁古村；游览了以莲花为主题的爱莲湖游园；目睹了蓬勃发展与复兴的小埠古村；考察了小而精致的阳山古民居楼。我不禁感叹在没有发明切割机等现代工具的情况下，各种装饰能做出这么精细并有内涵的造型，不得不让人惊叹古人的手艺与智慧。

走在青石板路，木结构与清水砖的房子，拥有着厚重史蕴的建筑群中，就仿佛走进了历史的时空隧道，我们经过了历史的洗礼，回到了那处在生机盎然时期的湘南民居之中。

这是一片远离尘嚣的山水，这是依然保存了千百年来原生态的自然风光和风情，行进在蓝天碧水之间，群山演绎之中，一栋栋湘南民居……

1. 湘南民居的由来

湘南是指湖南省南部的永州、郴州、衡阳三个市，合计34个县（市、区），土地总面积57153平方公里。从地缘而言，湘南是典型的梯级过渡地带，毗邻广东、广西、江西三省区。该地区以丘陵地貌为主，境内山峦起伏，溪河密布。由于复杂的地理位置和地势环境。千百年来，生活在这里的人们产生了血缘多样，姓氏繁多，种族复杂的特点。在湘南这块神奇的绿地之上，人们不同的思维方式和风俗文化相互碰撞，从而创造了大量的物质财富，也创造了独特的精神文明和灿烂的历史文化。

2. 儒家思想对湘南民居文化的影响

自建筑产生以来就伴随着社会、政治、宗教和仪式。人类的大型活动和集体生活是构成建筑人文价值的重要因素之一。从而在建筑身上，有着最有形的历史记录。

“建筑体现了一定的哲学思想，而哲学是文化之精华部分。”而儒家哲学思想，渗透在中国的精神文化与物质文化的各个领域之中。作为中国传统文化的物质载体——古民居建筑，深受儒家思想的影响。

湘南的古民居之中，集中体现了当地传统建筑文化，也以有形的方式代表了当地的传统文化，体现了儒家哲学思想的深远影响。尤以“天人合一”、“中庸”与“礼乐”等思想对湘南民居的影响更为显著。

(1)“天人合一”与民居的结合

受儒家“天人合一”思想影响，湘南民居在选址、布局时都重视聚居环境与周围自然环境的融合，合理因借自然，直接将青山绿水纳入村落景观中，充分发挥自然通风、采光、日照、景观效应展现了建筑、人、自然相互依存的关系。像永兴县的板梁村与桂阳县的阳山村都是融入自然的典型村落，村落景色优美，四周青山环抱，都有河溪之水绕于村前或在村中贯穿，有山泉溪水的便利，又有青山绿树的环绕，布局有效利用自然、尊重自然，与自然融为一体。并且形成一个四周有山环抱，背山面水的基地。

从湘南民居与皖南民居的区别之一就能看到含有“天人合一”的思想。皖南民居的墙面都是涂有墙漆的，而湘南民居的墙面都是不涂墙漆的，搭建房子的清水砖全都是裸露在外的，充分体现了当地人们对纯净大自然的热爱和儒家“天人合一”之思想，也代表了当地人们友好、亲切和直爽的性格特点。

从“以小见大”的思想中也看出了，在湘南的宗族内部是非常和谐与友好的，也展现了儒家之博爱。

(2) 中庸对民居的影响

《礼记 · 中庸》则说:“中也者，天下之大本也;和也者，天下之达道也。”可见儒家“崇中尚和”，也就是说执行“中庸”之道：既不要“过”也不要“不及”，保持中道，追求平衡协调的良好秩序，以达到合和的最佳状态。

当我们仔细观察湘南民居中的永兴县板梁古村的半月塘和皖南民居中号称宏村“牛胃”的月沼时，我们脑海中就会产生一个疑问：为何古人偏爱圆月只画半呢？因为深受儒家思想影响的先辈们，是想告诫自己的后人“满则招损，谦则受益”的道理。这充分地体现了儒家哲学中“中庸之道”的做人方式。

从湘南民居与皖南民居的另一个区别中，我们也能看到儒家中庸思想的影子。皖南民居的马头墙是笔直的，而湘南民居的马头墙不笔直又不翘多，只是略微带点弧形，从中可以看到代表当地人们俏皮、幽默的性格特点。

3. 血缘宗族与民居文化

在湘南民居中，很多场所都是整个宗族共同捐钱或出力修建的，有钱的多出钱，没钱的多出力。如: 住房、道路、宗祠等。不仅体现了儒家之博爱，也体现了当地人们团结互助，共同创建美好家园的精神。从而让整个氏族文化依然保留至今，并能让世人所感受、学习和传承下去。

桂阳县的阳山村，就是何氏从明初始祖时期就来定居，子孙繁衍，聚族而居，已经 600 年。村落始建于弘治年间，成于康乾盛世，而盛于道光年间。何氏族人自庐江郡迁徙而来，崇文尚武，求和睦，明礼仪，事农桑，形成了“宽容诚厚重，和气致祯祥”的百年家风。

反观当今的民居与古民居相比较，现代的居住环境的质量大大降低，水、电的能耗大大增高，同时也被厚厚钢筋混凝土墙阻挡了人们之间情感与精神的传递。而古民居冬暖夏凉，吃山饮泉，邻里如亲得实在让人羡慕。

结　语

与湘南民居的初次接触，就让人流连忘返于这么多文化的灰墙黛瓦之中。与这些富有人情的建筑相处的这两天，不仅让我们感受到了古民居中镌刻着的历史痕迹，也承载着民族的精神文化，更夹杂着儒家之思想精华。

这些优秀的中国传统物质文化遗存是一本读不完的书，要让后人继续传承与发扬下去。

图1（左）
图2（右）

图3（左上）、图4（左下）、图5（右上）、图6（右下）

仇烁 湘南学院艺术设计系本科学生 导师：范迎春教授

个人简历：1988年出生在河北省的一座塞外山城——张家口，现就读于湖南湘南学院艺术设计系景观设计专业。

个人陈述：四年的大学生涯，我积极地扮演着生活者及学者的角色，为自己打下了扎实的专业基础。刻苦认真、做事细致是我一贯的作风，这使我尝到了许多益处 。四年里，我参与了一定的社会实践活动，还参加了多次设计大赛，很好地锻炼自己，包括专业知识、心理素质，使自己更加理性成熟。此外，我热爱文学，能够把丰富的文学知识运用到学习与创作中。

浅论新形势下古民居修复是否还要坚持“修旧如旧”的原则

摘要：中国是世界文明古国，在漫长的岁月中，勤劳智慧的中华民族创造了光辉灿烂的文化，留下了丰厚的文化遗产。这些文化遗产是认知历史、传承文明的有效载体，能否将它们保留和继承，既关乎民族文化传承，也关乎世界文化发展。

我国在古民居保护方面也紧随国际文物保护单位的脚步，从 20 世纪 30 年代以来，在古建筑维修工程中，逐步总结了符合中国实际情况的维修原则，并已写入文物法规。1961 年中华人民共和国国务院公布的《文物保护管理暂行条例》中明确规定，在古建筑及历史纪念建筑物（包括建筑物的附属物）进行修缮、保养的时候，“必须遵守恢复原状或者保存现状的原则”。1982 年公布的《中华人民共和国文物保护法》规定：“核定为文物保护单位的革命遗址、纪念建筑物、古建筑、古墓葬、石窟寺、石刻等（包括建筑物的附属物），在进行修缮、保养、迁移的时候，必须遵守不改变文物原状的原则。”即修旧如旧的原则。

一、古民居的修复方法

长期以来，由于对古建筑修复的理解不同，一直也没有建立起一套完善的、系统的技术标准来予以规范、评价。对“修旧如旧”的原则一直有着不同的定义与理解，由此也产生了不同的流派。正是这种概念上的歧义，使得在实际操作中对修复往往有着不同的理解和引申，从而导致不同的修复原则和方法。修复的古民居，往往作为一种旅游资源进行开发。古民居旅游开发一方面宣传了古民居，使得古民居真正地得到了全社会前所未有的重视与保护，另一方面又促进了古民居的价值回归，使得古民居的文化得以继续传承。而巨大的游客量给古民居资源的保护也带来了前所未有的挑战。

二、新形势下的古民居建筑本身必须做出改变

板梁古村位于湖南省郴州市永兴县高亭乡境内，现有人口 1886 人，耕地面积 1260 亩，一个自然村布局，辖 19 个村民小组，村民以种粮、种烤烟为业，生活传统古朴。古村内至今仍保存了 360 多栋完好无损的明清历史建筑，板梁古村蕴藏着中国古老的宗法仪式、儒学传统、风水观念、哲学意识、建筑技巧、生态原理等，被誉为规模最大，保存最全，风水最好，文化底蕴最厚重的“湘南第一村”。

本次考察也把板梁作为一个考察地，目睹这些历千劫而不倒的古民居，栋栋雕梁画栋，飞檐翘角，无论是它的水磨青砖，还是门当户对，或者是它的砖雕、石雕、木雕，其工艺都十分精湛，让人叹为观止（图 1）。古色古香的小村让我们这些城市来的孩子不禁生出在这里生活的向往。但当问起村民：“在这里居住还好么？”村里的一位老奶奶笑着说：“这里住还好，就是年纪大了，取水不太方便。村子路也窄，出行也不太容易。”这些对话引人思考，探究后发现，古村落、古民居与现代住宅居所相比，其最大弱势就在于基础设施落后。作为旅游资源开发时，其价值的体现也将要建立在旅游开发的角度之上。一方面要维持历史文化村镇的延续性和居住的舒适度，另一方面基础设施也不能破坏古民居的整体风貌与建筑特色。不仅仅是破坏文物保护的原真性。“修旧如旧”的原则也将很难坚持了，古民居修复的原则也将转换。

三、新古建修复原则的核心内容

在新的社会形式下居住在古民居内的人们对于建筑的功能有了新的要求。不改变其建筑本身与风貌的条件下，进行有益的功能替换的尝试，未尝不可。这一做法本身就体现了可持续发展的思想。

结　语

古民居是中国乃至全世界的宝贵遗产，湘南民居具有民俗文化学的价值，它是当地特有的民俗文化的结晶，是封建礼制的一个侧影。研究湘南古民居的最终目的不仅仅是为了传承古代文明，也不仅仅是为了唤醒人们对古文化的保护意识，湘南文化源远流长，如何让这种文化为今所用，这才是需要我们共同面对的全新课题。在古民居的开发中，规划人员与决策者们需要不断探索，不断总结经验教训，不断吸收先进的科学保护理论，不断进行模式更新，从实践中走出一条可持续发展的保护与开发之路。并且古民居资源的保护和制定符合社会发展的新型古建筑修复政策已迫在眉睫。

图1

湖南第一师范学院

美术系

吴忠光 湖南省第一师范学院美术系教师

个人简历：湖南新化人。湖南省美术家协会会员、湖南省当代油画院秘书长，湖南省青年美术家协会理事，湖南省青年油画艺委会副主任。2005年湖南师范大学美术学院毕业，获硕士学位，现为湖南第一师范学院美术系造型基础教研室主任，副教授。

个人陈述：身居城市边缘，眼看着周边的农村日渐被城市的发展逼得无处可迁，当美丽的田园被轰隆隆的推土机弄得体无完肤，一幢幢大同小异的盒子式高楼耸立，诗意的栖居让位于囚笼式的蜗居，让人无限感叹。湖南民居如梦一样呈现在我的眼前，但愿它们在城市的进程面前多留些年月，因为它们有几百年的故事讲给我们听。

板梁随记

图1

早就听画友说过板梁村很有画味，今天能和大家一起去实地考察，心中不禁兴奋起来，大客车经过一条蜿蜒的小路七转八转的，终于在一片开阔的地带停了下来，传说中的板梁古村到了！只见入眼一片古朴之象，意外的是在这片宁静的村庄边缘，不时有武广高铁的列车飞驰而过。

民居的格局如大多数湘南民居一样，前边有一条弯弯的小河，后边是一座郁郁苍苍的小山包，房屋高低起伏、别致错落于其间，富于音乐的节奏感。要说这村最有意思的建筑，应该算村前的望夫楼和村后的七层古塔。一进村，正前方的石崖上耸立着一塔形带平台的楼台，“望夫楼”苍劲有力的大字呈现在大家眼帘。据说过去，该村很多男人迫于生计长年在外经商，他们的妻子忍受不住思念的痛苦，常常跑到这里眺望丈夫流浪的方向，祝愿他早点平安回家。后人为了纪念这段历史，就在这里建了一栋小楼，叫“望夫楼”。楼前那副“相思一望中，幽梦三千里”对联道出了村里妇女们对夫君的离情别绪和深深牵挂。村后边有一个 20 多米高的六角形古塔，砖石结构，雄伟壮观。经过了数百年的风霜雪雨，但其塔里塔外砖石均未风化，灰缝严实。遗憾的是塔顶不复存在，据说是在的“文化大革命”年代，被造反派用炸药将其炸飞了。也有的说是被雷打掉的。到底是何故，我们无法考证。我们倒宁愿相信是雷公打掉的传说，而不愿相信是“文革”时被炸飞的。

一到村口，同行的王铁老师就忍不住画起油画来，但见泛青滴翠的古树、雅致灵动的小桥流水、古朴素净的青瓦白线民居、极具动感的马头墙瞬间跃然于油画布上，我也不禁手痒起来，掏出随身带的小速写本，线随心动地狂画起来（图 1）。

村里有一条长长的用青石板铺成的“官道”，一直延进村里。我顺着“官道”走进村子，但见纵横交错的石板路相连把村中大街小巷分隔得井然有序，外观保存良好的民居，鳞次栉比地紧紧簇拥在这边坡地上，栩栩如生的彩绘、石雕、木刻，使民居显得雅致而很有文化气息。

“穷则独善其身，达则兼济天下”，这一儒家思想植根于封建士子脑海中，他们通达时荣华显赫，建碑立坊，光宗耀祖；失宠时则隐居故园，修楼筑阁，蛰伏庭院。在板梁，可以看到此地望族显赫时期的历史见证。

我在不经意间走进了一家院子。有一老伯闲坐屋前，我凑上去和他闲聊起来。我问起了这个房子的起建时间。但这房子并没有我所料想的那样久远，老伯说是民国 17 年，怕我不晓得民国的年序，又补充说是公元 1928 年的样子建的这所房子。老伯家住的这所房子还不是很有派，要说有派应该就是往下走过去的那一片房子。老伯说，原来那是地主家的房子。我还询问了马头墙的用处，老伯说可以防火，防盗。其实，对于马头墙来说，它也可以叫做封火墙。因为湘南民居建筑多是木质结构，当年的设计者们为了起到防火的目的，就把墙头高出墙体。但同时，也从美学上给了房子一种新的律动感。正因为此地民居是几代人相继建设，巧手的工匠在不同时期根据地形情况依地势而建成各种或大或小的住宅，马头墙也就被安排得有高有低，错落有致。

在村子里多走一段时间，发现这村子里很安静，没有什么游人，也没有什么乡亲住在房子里，很多的房子已开始败落。一阵阵的隐痛涌上心来，民居的建设者引以为豪的荣耀家园曾经那样地适合人们居住和繁衍，在其外观依旧雄伟的时候却被他们的后人们所抛弃，他们的后人们在赚了点钱之后大多在村子不远的地方建起来了没有任何特色的方形盒子用来居住。

房子不是空的建筑，是人类诗意的栖居，民居应该是民众居住的场所，当板梁古村几乎成为无人居住的空心村时，这些青山绿水之间的古朴建筑群也就变得岌岌可危，成为即将作古的历史记忆。如何保护和保存这些民居成为当前的一个重要课题。据说当地政府的策略是发展旅游，但显然从目前看来，这样的策略不是很成功，当本地人都不愿意在里边居住时，很难吸引外地人来此游玩、驻足。

古民居与任何历史的东西一样，都有着自身发展和消亡的过程，这不是简单的保存和保护所能解决的。在当今社会，要想它焕发出新的生命力，宜人居的基本功能必须得到解决，也许除一些代表性的房子外，在保持原有外观和风格的基础上，拆了用原材料重建，并将其内部结构加以改善以适宜现代人居可能是一个可行的办法，其实古村的形成也是在长期的历史长河中不断修缮和新建中得到连续和发展的。

在村中走了一圈，大伙在村里美美地吃了一回本地人做的饭菜，再来到村前小桥上，蓦然回首，看着眼前的青山绿水、青砖青瓦和不远处的方盒子新房及崭新的高铁列车路，不禁思绪飞扬，希望“梦里板梁”在不远的将来不仅仅是人类古情幽思的一个美梦。

谌扬 湖南第一师范学院美术系教师

个人简介：谌扬，1980年生于湖南长沙，2003年6月毕业于湖南师范大学设计系艺术设计专业，同年就读该校研究生，2006年取得硕士学位，并任教于湖南第一师范学院，现担任美术系环境设计教研室主任。

个人陈述：虽说是土生土长在湖南的人，但对湘南的民居鲜于了解，跟随队伍考察的目的，主要还是在观摩、学习。此行的心情是轻松的，不同于以往带学生出去写生，也不是单纯的采风，更像是和三五好友惬意远足，在短短几天里所认识的朋友都很友好、很有趣。

唤醒沉睡于记忆中的住宅序列——湘南民居印象随笔

德国存在主义哲学家马丁 · 海德格尔曾说，我们要时时学着如何安居。从民居中学习安居的方式可以为我们提供一些比较直观的概念。于是我们在舒适的时节去了惬意的地方——湖南南部的小村落，试图在这些小村落的民居里找到一些线索。

初秋，是很适合外出的季节，也为这次的出行铺垫了完美的气候背景。此行的目的既是为了寻找关于湘南民居的种种印象，更是为了研究湘南居民的宜居环境。在微带凉意的阴天，沿着青灰色的石板路——观赏着古老的木雕门头和青石门墩，似乎不是我们即将穿越回过去，而是旧时光的景物扑面而来的诉说往事。

湘南民居是以宗族文化为主导的建筑群体，建筑与建筑之间紧密相连，很少出现单栋脱离于外。贯穿于建筑间的道路曲折狭窄，四通八达。通常每栋民居都会有数个居住单元，居住单元的典型布局可以“一明两暗”来概括，即中间为堂屋，两边是卧室，堂屋正对开口天井。各居住单元在横向之间通过山墙分隔，而纵向则主要由木门分隔。空气流通也主要在纵向单元之间以及围绕天井的单元内部进行。随性选择一个有精美木窗的房子，跨过高高的门槛，进入老木门，会发现紧凑的门厅，室内与室外在这里衔接交汇，由此自然的被引导进入幽暗的建筑物深处。不过正面的下沉天井又引入了天光，视线向上可达天空。天井是一个外封闭而内开敞的独立空间体系。直走穿过天井，站在堂屋回望，视线所向的天井与天空更为开阔。堂屋通常是宽敞的，由堂屋水平移动到左右两侧的卧房，光线会陡然减少。如果透过雕刻精细的木窗看出去，会有更复杂多变的光线体验。这种体验让我们从日常的居住环境的现实中摆脱出来，感受了非日常的事物，并觉得很愉快。但若要再住在这种老房子里，却没有几个人愿意了。宽敞、明亮、功能空间完备等要求在这里都很难实现，但天井、木雕、大气的堂屋又让人难以割舍。这意味着现代文化、生活方式、习惯等都与老式民居的建筑方式存在着复杂的矛盾。

虽然感受到了诸多的矛盾，在欣赏古老建筑空间的过程中所产生的心灵悦动还是最主要的。从狭窄的小道进入视野开阔的堂屋和天井，从昏暗的卧房走到光线明亮的空间时的一系列对比感觉，能让现代人感受到时刻变化的视野及风景。相较于现代居室环境一成不变的宽敞、明亮或是无太多变化来说，这种极具戏剧性的空间序列更能带来体验空间的趣味。这一序列的愉悦性不仅表现在空间体验中，也存在于视线所向的细部。老人在门边休憩闲聊，孩童在街角游乐，盆栽植物郁郁葱葱，这些偶尔接触到的残留的日常生活场景自不用说；高挑的屋檐可以感受到宅子主人的骄傲，窗格子里的蝙蝠、石榴之类的吉祥饰物也寓意着家族的繁荣（图 1）。

老民居的这种住宅布局方式和序列关系真能融入到现代生活中吗？要以出色的手法糅合多种元素，尽量合理地安排空间序列，而又不降低现代生活的品质是个难题。为了唤醒沉睡在我们记忆里的古老民居的空间序列，可以从民居的平面布局、建筑装饰材料的质感与规模如何、光线与空气怎样流动等方面的研究入手，甚至深入到生活状态与方式的领域去深究其成因。在感受到舒适或有趣的场所、空间，停住脚步思索其舒适或有趣的理由，分析建筑构造要素及其组合的规律，例如了解木质雕花与青石墙穿插出现的节奏。在达到一定程度的分析深度，并抓住某一瞬间的体验后，

图1

可能会有其他适合于现代的民居形态出现。正如经常提到的“旧瓶装新酒”和“新瓶装旧酒”，也许在老民居中能渗透新的生活方式，也可能是在单元式住宅中融入历史文脉与精神。只不过这些“渗透”和“融入”不是简单的加法，需要打破某些惯有的或旧有的事物，解构重组，再创新和制造。总之就是理解湘南旧有民居的空间序列，捕捉其要素和结构关系，并将瞬间感受到的美再现于某处。

古老的湘南民居至今仍被众多的当地居民所喜爱，并一直使用。其逐渐退去的繁华光景却预示着新的文化与生活的冲击不可逆转。也许会有追逐利益的开发者将这里打造成下一个凤凰古城、丽江古城、或是乌镇、西塘，但我们的研究不愿以纯粹的商业运作来亵渎古老的文脉精神，也并非是要一味地保留或保护老建筑。“过去的终将过去”。最终寻求的答案也许还没有定论，但可以肯定的是留在脑海中的印象将永不磨灭，有可能在某一天某一处灵感激发，让湘南民居的影子在现实的设计中显现出来，焕发新的魅力。

杨蓓 湖南省第一师范学院美术系教师

个人简介：杨蓓，女（1981年1月-），讲师，湖南第一师范学院美术系视觉传达教研室主任，兼任美术系实验室主任。1998-2002年本科就读于湖南师范大学，现任职于湖南第一师范学院美术系。2005-2008年就读于湖南师范大学教育硕士专业。

个人陈述：湘南是一个美丽而令人神往的地方，当我站在湘南古民居的小巷里，踏着光滑油亮的石板路，触摸着历经岁月风霜的青砖墙，犹如聆听一位白发苍苍的老人，用低沉而沧桑的声音，向我们诉说那遥远的故事。湘南民居考察之旅，让我深刻感受到，湘南古民居是根植于劳动人民的智慧和勤劳中的艺术，积淀了独有的地域特色和民间文化。这次考察不仅让我深刻体会到湘南民居的质朴美感，也让我品味到湘南民居中蕴含的生活哲学与民族艺术创作激情，为我今后在设计中融合民间美术元素，寻求跨不同文化或门类学科的艺术的共同规律，创造出具有民族内涵和鲜明地域特色的新的艺术形式，提供了新的思路。

湘南民居木雕装饰纹样探究

湘南民居木雕装饰艺术是湘南审美文化延续及活态传承的产物。以生命为美的审美观念让木雕装饰在湘南民居中成为不可或缺的生活艺术必需品。在多元文化共存与交融的现代社会，传统文化的延续和融通发展离不开对典型艺术形式的溯源及内容具体阐释。湘南民居木雕装饰艺术蕴含了丰富的美学资源，体现了人与自然、宗教信仰与艺术形式审美的和谐，展示了深藏于人们内心对自然生命价值的关怀。

湘南泛指湖南南部的郴州市、永州市及衡阳市南部诸县。湘南地区的先民除了湖南本土居民，还有来自于江苏、浙江、安徽、江西、福建等地的移民；另外，在湘赣山区还有大量的客家民系，湘南地区呈现出湘赣民系与客家民系杂陈的状态，形成了独特的地域文化，并在民居的建筑和木雕装饰中体现出来。

湘南移民中有不少人是书香门第出身，读书蔚然成风，通过发奋读书而入仕为官，功成身退后告老还乡，带来了全国各地的建筑文化，极大地丰富了湘南民居的建筑和装饰艺术。在窗框造型中，有的民居窗框木雕装饰相当丰富、精美（图1、图2），窗框主体呈对称形式，将多种纹样有序地集中镶嵌在窗框中作为装饰，不仅纹样雕刻力求完美，连窗框的线条都经过精心处理，运用不同的转折来丰富视觉效果，同时在转角和连接处都做了细腻的装饰处理；而有的民居窗框木雕装饰则力求简洁，以直线造型为主，只在不受力的位置装饰点缀一些吉祥纹样（图3）。在常用的木质隔扇中，装饰纹样的处理则体现出强弱、简繁穿插对应，既变化丰富又协调统一的视觉效果。窗格中多用简单几何线条进行分割，而在格心、绦环板（亦称腰花板）、裙板等表面雕刻丰富而精美的纹饰（图4）。这些纹饰大都采用具象的表现手法，但有的造型大胆夸张，既不着意刻画人物的五官表情，也不拘泥于人物的结构比例，追求造型质朴、简练、明快的感觉（图5）；另一些装饰纹样却追求工整细致（图6），造型刻画栩栩如生，图6中的喜鹊不仅神态逼真，连羽毛都着意刻画，细腻传神。

湘南先民受儒家伦理思想的影响，形成以“孝”为核心，以读书为上、礼仪规范为主导，以家族为单位的文化价值观，这种文化积淀和传承，形成了湘南绵绵久远的文化特征，这种文化特征促进了湘南民居木雕装饰艺术的发展，并持续地影响到今天。

湘南民居木雕装饰纹样在题材选择上具双重性，直白具体的乡土现实与人文故事题材相互融通，这让纹样上既有动物、植物、日常用具、农耕、织牧等现实生活场景，也有戏曲人物、神话传说、寓言故事等内容。不论是木窗花格的装饰纹样，还是木窗扇裙板雕刻，都含有丰富深刻的文化内涵（图7）。板梁村古民居中的一个木格窗中，装饰纹样主要选择了石榴、鸽子和蝙蝠的造型。石榴多子，代表子孙满堂，体现了湘南民间传统的家族观。鸽子代表和平，表达了湘南人民希望家庭和睦的美好愿望。蝙蝠与“福”同音，寓意家族福星高照，万事顺心。同时，在这个木窗的

图1（左上）、图2（上中）、图3（右上）、图4（右中）、图5（左中）、图6（右下）、图7（左下）

裙板上，装饰纹样题材和表现方法又不相同。纹样选择了运用具象刻画的手法，生动的表现了琴、棋、书、画的器物形象，表达了主人崇尚文化、诗书传家的持家理念。

纹样无声，却是木雕装饰艺术意涵的传神之处，需要传承者深解其中滋味，方知个中意趣。湘南民居木雕装饰纹样连接着湘南民间的审美文化根脉，更是多元文化社会中对民族文化和生产智慧传承的融会贯通。湘南民居木雕装饰纹样创作中通过模仿自然、综合创造物象、抽象变形提炼造型要素，将具象的生活记忆提炼为木雕纹样抽象世界的节奏韵律，在纹样的形态和内容中融入了丰富的湘南民间文化信息和鲜明的地域环境特色。我们对纹样意义的解读应不仅关注其艺术形式美感和工艺技术价值，更应深入纹样所依托的厚重历史文化底蕴，品味其中的生活哲学与民族艺术创作激情，延续湘南人民善良、包容、真诚的艺术化生活态度，以艺术共建生命的和谐之美。

后 记

坚持教授治学培养卓越人才

中央美术学院　王铁教授

当下教授治学已成为国策教育方针重要的组成部分，探讨中国高等院校设计专业教学的特色，建立跨越中国院校间设计专业教学合作，寻找打破院校间壁垒已摆在一线教授面前，正恰逢金色的秋天、2012 中国高等教育设计专业名校实验教学课题“湘南民居印象”在中央美术学院建筑学院诞生，这不仅鼓舞着名校教授努力探索，更是激励学生奋发学习的精神食粮。

在“湘南民居印象” 实验教学课题结题之际，回顾二个月以来兄弟院校合作实验教学的情景，认真努力的精神始终感动着每一位参加课题师生，他们用阳光心理努力教学相互鼓舞，留下许多现场教学中的感人篇章，值得师生回忆。现阶段清醒认识国情和高等教育，是检验中国院校教授面对国际地位的客观核心价值基础框架，培养优秀卓越大学生是今后国家高等教育可持续发展的重中之重。为此高校设计专业教学只有努力向前、不断创新、主动探索，用自我更新和不断实践带动学术探索下的全面实践。倡导多种条件下无障碍的科学合作实践，一线师生有责任创立更多的名校实验教学课题，丰富中国高等院校设计教育领域的实验板块。以下是本次 2012 中国高等教育设计专业名校实验教学课题“湘南民居印象”教学小节分为四点：

1. **院校间差异**：高等院校工学和艺术学专业设计教育、由于地域不同、师资构成不同有一定差异是不争的事实。从中央美术学院研究生处调研课题数据中显示，中国各地院校到目前为止已有 1700 所以上的各类院校成立了环境艺术设计专业，严肃提出设计教育究竟该如何办出中国高等教育设计专业教学特色，成了最关键的节点。教育部提出新学科“环境设计”为高等教育设计教学指明了发展方向，新的学科需要新的师资框架、新的教学理念、在培养目标上也要进行调整，今后高等教育设计专业教学将随着新的教学理念，走向设计教育“无界限”理念的宽泛领域探索教学，减少地域差别是今后教学评估的基本原则，办学特色将转向高等教育国际化概念，多种办学条件下的百花齐放，否则现实将造成新的高等教育人为的差别。

2. **教师团队**：自古以来师资的兴衰、学苗的兴旺与否是关系到教育事业发展的主线，高校教师近几年在师资引进速度上已明显呈现放慢现象，再加上近年国内各地招生名额逐年减少，这说明高等院校设计教育进入了调整期。现阶段解决各地院校普遍存在的师资队伍不分梯队，年龄平均、业绩相当等问题需要时间和成本，在教育部评估期间全国院校都认为有教学特色、可持续，面对现实问题中国高等教育设计教学需要重新认同，需要尊重教育，更需要合理的师资结构框架，无界限探讨师资整合为实践教学提供新机会。

3. **学生差异**：办学理念决定培养目标。由于师资来源和教育背景不同、教育学生方法也有所不同，对本次实验教学优缺点的评价，相信教师和学生相互之间有一杆度量衡。参加课题各校学生都有长处、中央美术学院重视创意、学生大多数反映比较灵活，天津美术学院动手能力较强、湘南学院学生在理性思维方面有优势。从本次 2012 中国高等教育设计专业名校实验教学课题“湘南民居印象”，本科生、研究生论文中可以得出结论。

4. **教学与社会需求**：探索新的实验教学模式，落在敢于实践的有责任感的教师肩上。为使实验教学课题“湘南民居印象”取得高质量成果，课题组将在下一步设立“卓越人才计划奖”。把深入探讨中国高等教育中设计专业本科毕业教学、研究生论文实验教学、更加科学化、学理化、常态化。为申请“十二五”国家教材做好各项准备工作，迎接 2013 年第五届“四校四导师”环境设计专业毕业设计实验教学课题更加时代化，让全体课题师生都能成为国家和社会需要的合格人才，这是 2012 中国高等教育设计专业名校实验教学课题“湘南民居印象”的创建目标，其核心价值是为了满足高等院校教学与社会需求。

在本书即将出版之际首先向参与课题的教师表示谢意！并再次向参与课题的学生表示祝贺和感谢！感谢大家为名校实验教学课题“湘南民居印象”交上了满意答卷。课题组教师将在接下来的设计专业实验教学中，用名校实验教学成功的经验探索中国高等教育设计教学，坚持教授治学，培养卓越人才。

2012 年 11 月 20 日于中央美术学院第五工作室